35岁前,搭建属于自己的舞台

文德 / 编著

当你的才华还撑不起你的梦想时该做的事

中国华侨出版社

北京

　　人的一生有几个重要的关键时期：初涉人世、升学就业、成家立业。每一个时期都对整个人生的成败影响深远。初涉人世时期，决定了人生的方向。在这一时期，人的个人性格、处世哲学开始形成与确立，对世界的认识正确与否与认识的角度决定了是否会误入歧途；升学就业时期，决定了人生的高度。在面临人生重大的抉择时，考验人们能否抓住机会，高瞻远瞩，找到值得自己为之奋斗一生的目标；成家立业时期，决定了人生的幸福。生活的质量高低，生活是否快乐，都是影响幸福指数的重要因素。可见，决定人生成败的关键几步，大部分都集中在人的前半生。

　　孔子说，三十而立，四十不惑。35岁以前是人一生中的黄金时期，也是走向成功的最关键阶段。这一时期，人正处于蓬勃发展的阶段，可供选择的机会最多，成功的希望也最大。然而，一着不慎，将满盘皆输。正如筑建百尺高楼，基础决定了高度。基础打不好，高耸入云只能沦为纸上谈兵。所以有人说，35岁以前，决定人生的一切。

　　35岁以前不打好基础，35岁以后将抱憾终生。在35岁以前做好人生投资，才能为35岁以后的人生铺平道路、创造机遇，奠定成功人生的基础。35岁之前怎么做，决定了35岁之后怎么活。

35岁以前，必须搭建好属于自己的事业舞台。在当今社会，事业的成功与否往往是衡量一个人成功与否的标志。张爱玲说："出名须趁早。"同样，构建事业的根基也需尽早。35岁以前，人的精力最旺盛，创造力、学习力、抗压力最强，最具有成功的欲望，此时是发展事业的最佳时期。确立奋斗目标，找到成功方法，寻找到最佳途径，才能奠定事业成功的基础。

35岁以前，必须搭建好属于自己的生活舞台。事业与生活是人生的重要组成部分，生活的质量决定了人生的幸福程度。35岁以前，应发展个人爱好，提高自身修养，找到理想的生活伴侣，创建和谐生活，才能成就完美人生。

35岁以前是耕耘的时期，35岁以后是收获的季节。如果在35岁之前你不能搭建好自己的舞台，你的成功之路将会变得十分艰难，35岁以后，你将感到力不从心，体会无尽的遗憾。阅读本书，会让渴望成功的你活得更轻松、更幸福，在属于自己的成功舞台上舞出精彩的人生。

目录
CONTENTS

PART 1 / 你不优秀，认识谁都没用　/1
——你是有才华的"空想家"吗

亮出闪光点，摆脱"谁也不是"的状态　/2

打造核心价值形象，成为别人乐于引荐的人　/4

自助者人助，人助者天助　/6

"人气旺"的背后是"有价值"　/9

人际交往真相：没有实力，不管认识谁都白搭　/11

把自己武装成"绩优股"，吸引各方的注意　/13

发掘自己的优势，着力发展自身长处　/15

广撒网，多角度提升自己　/18

推销自己的能力也是实力之一　/21

PART 2／今天的格局，明天的结局　/25

——你的眼界有多大，你的舞台就有多大

扩大你的内心格局　/26

突破旧的格局，开放你的人生　/29

视野有多大，世界就有多大　/32

井底之蛙，永远看不到辽阔的大海　/34

人生无处不套牢，思路决定出路　/38

走出囚禁思维的栅栏　/41

甩掉"金科玉律"的束缚　/45

换一个角度，换一片天地　/49

别让"约拿情结"毁了你　/53

今天得过且过，将来一生无成　/56

人生不设限，唤醒心中的巨人　/59

如果没有得到奇迹，就成为一个奇迹　/64

打破常规，自己订立游戏规则　/67

35 岁前，搭建属于自己的舞台：
当你的才华还撑不起你的梦想时该做的事

PART 3 / 优秀还不够，你最好无可替代　/71
——35 岁前，你一定要形成自己的撒手锏

"个人品牌"让你更具竞争力　/72

发现你的潜能，别给自己留遗憾　/75

选择适合自己的生存方式　/78

向成功的人学习成功的方法　/81

注重学习能力的培养　/83

百门通不如一门精　/86

规划你的学习生涯　/87

一技在手，事半功倍　/89

投入百分百的热情　/92

成功来自对自己强项的极致发挥　/94

扬长避短，找到自己的"音符"　/96

像凸透镜一样聚焦全部能量　/98

PART 4 / **学会低头，才能出头** /101
——当你的才华还撑不起你的梦想

为什么到处都是有才华的失败者   /102

"草根"为什么这样红   /105

应届大学毕业生：你只值 300 元   /107

还当不了领头羊时，就先躲在羊群里   /110

只有坐得了冷板凳，才能坐得了高堂   /113

从宋兵甲到喜剧王的蜕变：星爷的成功是从龙套跑起的   /117

怎样正确对待"怀才不遇"和"大材小用"   /119

做人要"降低"一个层次，做事要提高一个档次   /122

天地之间的高度只有 3 尺   /125

矮人一截不等于低人一等   /128

为什么小丑有时比主角更受欢迎   /130

35 岁前，搭建属于自己的舞台：
当你的才华还撑不起你的梦想时该做的事

PART 5 / **习惯千差万别，未来天壤之别**　　**/133**
　　　　——打造好习惯，才能打造好命运

播下一种习惯，收获一种命运　/134

习惯能成就一个人，也能毁灭一个人　/136

跳出你的习惯　/138

成功从良好的习惯开始　/140

微笑是最好的习惯　/141

给不良习惯找个"天敌"　/144

不狠心，怎能改掉自己的恶习　/145

习惯改变，人生也就改变　/147

习惯的力量无比巨大　/149

卓越是一种习惯，平庸也是一种习惯　/150

成功的习惯重在培养　/153

PART6／ 你要去相信，没有到达不了的明天 　／157
——机遇，给搭好舞台的人

成功的人生，始于准确地判断并抓住机会　／158

机遇可以等待，但也可以创造　／161

机遇只青睐那些有准备的头脑　／163

风险的背后，就是机会和成功　／165

挑战自我，多给自己一个机会　／168

机遇没有彩排，只有直播　／172

机遇是靠自己争取的　／175

35岁前，搭建属于自己的舞台：
当你的才华还撑不起你的梦想时该做的事

PART 7 / 输了起点，你还可以赢在拐点　/179
——换个角度，看到不一样的精彩

不幸者的一大共性：过分执着　/180

放掉无谓的固执　/183

换种思路天地宽　/185

下山的也是英雄　/189

不做无谓的坚持，要学会转弯　/191

有一种智慧叫"弯曲"　/193

改变世界，从改变自己开始　/196

条条大路通罗马　/198

换个角度，世界就会不一样　/200

改变思路，突破人生　/201

适应这个变化的世界　/203

PART 8 / **扛得住，世界就是你的** /207
——你要怎样努力，才能让梦想落地

人生总是从寂寞开始 /208

不懈追求才能羽化成蝶 /210

坚守寂寞，坚持梦想 /212

一生只能认真做好一件事 /215

坚忍的乌龟快过睡觉的兔子 /217

用坚忍创造闪光的快乐 /219

不怕失败才会成功 /222

放低姿态，像南瓜一样默默成长 /224

坚忍的骆驼在沙漠中行走自如 /226

不抱怨的人才能在寂寞中爆发 /229

耐得住寂寞，苦尽甘来 /231

享受寂寞才能强大 /233

耐得住寂寞是成功的前提 /235

目标专一，方成大器 /238

35岁前，搭建属于自己的舞台：
当你的才华还撑不起你的梦想时该做的事

PART 1

你不优秀，认识谁也没用

——你是有才华的"空想家"吗

亮出闪光点，摆脱"谁也不是"的状态

长久以来，很多人对于拓展人际关系有一种很深的误解，认为认识的朋友多就等于人脉广泛，他们信奉所谓的"你认识谁，比你是谁更重要"。其实，在人脉这方面，最重要的不是"你认识谁"，而是"谁认识你"。也就是说，拓展人际关系的过程，与其说是"我要认识更多的人"，不如说是"让更多的人认识我"。因此，拓展人际关系的第一步就是要成为"别人渴望认识的人"，

35 岁前，搭建属于自己的舞台：
当你的才华还撑不起你的梦想时该做的事

如果想要认识更多的朋友，那么首先要让别人看到你的价值，比如你的某种专长、能力或者特质。

以前很多相关书籍中都强调"要积极主动地认识新朋友"，却不强调提升自我的价值。看起来这是主动拓展人际关系的方式，其实这是很被动的，因为选择权在别人手上，当你"谁也不是"的时候，是别人在选择你能否成为朋友，而不是你选择别人。但是，一旦你有了自己的闪光点，成为"别人渴望认识的人"之后，主动权就重新回到了自己的手上，是由你来选择和某些人做朋友，而不是由别人来选择你。

也许你现在"人微言轻"，但每个人都有自己无可替代的价值，第一步，就是自我设计，打造自己的闪光点，并且通过一定的方式和技巧把你的价值传播出去，让更多的人认识你。

打造闪光点，可以从自己的强项开始。每个人都有自己独特的能力，从自己独特的能力开始，是最容易打造闪光点的方法。

丹丹是一家饮料公司的业务主管，因为她平易近人、说话随和，所有的客户都喜欢和她谈话。每逢碰到同事和客户谈崩的时候，就会让她出马。只要她一去，不管什么冰山都会融化成一江春水。她个人的闪光点就是"化解矛盾的专家"。

每个人都应像丹丹一样及早找到自己的强项，尽量发挥，这是快速脱颖而出的秘诀！你的表现是你的最佳简历。我们必须做到处处打造自己的闪光点，让每个见过你的人都能记住你，若你果真有能力和风格，那样，成功就离你不远了。

无论是打造闪光点还是个人品牌，总之你要能够让别人一下就能记住你。想要建立广泛的人际关系网，就必须早日摆脱"谁也不是"的状态，把你的名字深深地印在别人的脑海中。

打造核心价值形象，成为别人乐于引荐的人

有位名人说过一句话："怀才，就像怀孕，怀得久了，必为人所知。"这句话使得很多有才华的人安于默默无闻，以为伯乐会自己找上门来。要知道，才华要为人所知，也得遇到识才之人。如果不想怀才不遇，就要学会制造机会与贵人相遇，展示你的才华，打造你的核心价值形象。

盛唐时期，诗人王维想参加科举考试，请岐王向当时权势大的一位公主引荐，以便事先向主考官打声招呼。可是公主早已答应别人，为另外一位叫张九皋的人打过了一次招呼。岐王出了个主意：你将写得最好的诗抄下十来篇，再编写一曲凄楚动人的琵琶曲，五天以后你再来找我。"

五天后王维如期而至。岐王将王维打扮成一名乐师，携了一把琵琶，一同来到公主的府第。王维演奏了一首琵琶曲，曲调凄楚动人，令人击节叹息。公主非常喜欢这首曲子，于是迫不及待地问王维："这首曲子叫什么名字？"王维马上立起身来回答："叫《郁轮袍》。"公主对王维更感兴趣了。岐王乘机说道："这个年轻人不仅曲子演奏得好，还会写诗，至今在诗歌方面没有人

能够超得过他！"

公主越发好奇了："现在你手里有自己写的诗吗？"王维赶忙将事先准备好的诗从怀中取出，献给公主。公主读后大惊失色，说道："这些诗我从小经常诵读，一直认为是古人的佳作，怎么竟然是你写的呢？"于是，歧王让王维换上文士的衣衫，再次入席。

公主问："为什么不让他去应试？"歧王道："这个年轻人心高气傲，如果不能得到最为尊贵的人推荐考中榜首，宁愿不考，可闻听公主已推荐张九皋了。"公主连忙笑道："这没关系，那是我受他人所托才办的。"接着她又对王维说："你如果真的想考，我必定为你办成这件事。"王维急忙起身道谢。公主立刻命人将主考官召来，派奴婢将自己改荐王维的意思告诉了他。于是，王维一举成名。

王维在宴会上充分展示了自己的才华，成功塑造了自己的核心价值形象，因而得到了公主的赏识，并愿意成为王维的引荐人。从此以后，他的才华得到了世人的肯定，也给自己的满腔抱负找到了实现的舞台。生活中，我们应该像王维那样打造自己的核心价值形象，吸引别人为自己的成功助一把力。

总之，要得到他人的帮助和关爱，就必须主动。不要以为自己有才华，就可以傲视一切、目中无人，而应该主动让别人看到自己的核心价值形象，让他发现你、肯定你，并给你指明一条发展的道路。这样，你的才能才不会被埋没，一步一步地接近成功。

自助者人助，人助者天助

人人都渴望好的机遇降临，好的机遇，是可以改变我们每个人命运的，它能使人在短时间内发生翻天覆地的变化，也许昨天的你还是个无名小卒，今天却已经是闻名遐迩；也许昨天你还就着咸菜啃凉馒头，今天却坐在了五星级酒店的餐桌前。但是机遇就像一阵春风一样，来无影、去无踪，它不是随处可见的。

所以，它值得我们好好珍惜，牢牢把握。机遇能够给我们带来成功，带来财富。我们不但要学会抓住机遇，更要善于寻觅机遇、开发机遇、创造机遇。

寻觅机遇、开发机遇、创造机遇，离不开个人的综合素质，更离不开人际关系。不善于经营人际关系的人，即使遇到了迎面走来的机遇，也常常会视而不见，与之擦肩而过。

在前进的路上，我们可以没有光环，但是，我们不能没有坚定的信念和经营人际关系的理念。俞敏洪成功了，他成功的关键不但是善于经营市场，还在于擅长经营自己的人脉，善于利用自己的人脉资源。每当遇到关键时刻，他总能找到能够起关键作用的知心朋友，这就是人际关系的力量。

人在职场中打拼，就如同侠客行走江湖。《射雕英雄传》中的黄药师虽习惯独来独往，也照样需要朋友的帮助。我们不能随心所欲地选择命运，选择境遇，但是我们可以靠自己悉心经营的人际关系网来寻觅机遇、开发机遇、为自己创造机遇。

　　前进的路上，我们可以没有光环，但是，我们不能没有坚定的信念和经营人际关系的理念。

现在的社会，是一个交际的社会，一个人有了朋友，就拥有了开创新天地的本钱。不要抱着独自打天下的幻想，一个人的力量毕竟有限，众人的力量才可观。让朋友帮助你寻找机遇、发现机遇、创造机遇，并不代表你的能力不行；相反，这更说明你在经营人脉上做得非常出色，而经营人脉出色，也说明了你的能力超过常人。

那么我们怎样才能经营自己的人际网呢？

（1）确立目标：把目标定得具体的人，更容易把自己的关系网联结起来。比如将媒体上频频曝光的本领域的人物树立为自己的职业偶像。将你的职业愿望用语言表达出来，然后确立你可以分步骤达到的中间目标。

（2）建立联系：每个活动都会为你提供扩大社交圈的机会。先思考一下，你希望认识哪些人，然后收集一些可以参与到与这些人交谈中去的信息。尽量适应环境，因为如果你要求自己至少要和3个以上的人攀谈的话，社交场合的应酬也不会令你感到紧张。

（3）告诉别人：不管你在做什么，只要你并不知道谁能够帮助你，就应该广泛"撒网"。将你的愿望告诉你所有碰巧遇到的人，这种口头广告肯定会让你受益匪浅。

（4）参加集会：除了正式的派对，还要积极参加各种集会。活动前、讲座休息时、午餐时或是在飞机候机室里，你都不要置身事外。8小时之外也可获取事业的成功。

（5）收集信息：仔细而且积极地倾听，通过提问你可以让谈话朝你希望的方向发展。为了你的现在和将来，为了你自己和他人，应该收集一些联系方式和值得了解的信息。

"人气旺"的背后是"有价值"

在现实的社会中，"人气旺"其实是"有价值"的折射，当一个人有了能被他人认可的价值时，别人才会主动地接近、认识，从而他们可以得到需要的帮助。所以，想要有一个良好的人际关系网，去认识有价值的人是一种途径，但更重要的是，要打造自己，使自己成为一个有价值的人！

当你足够优秀，当别人看到了你的价值，那么你就会被认可、被重视，领导会考虑提拔你，给你更大的平台去展示；他人会去接近你，期望你可以对他们有所帮助。相反，若你一直平凡，一直不被人所发现，那么你的机会就很小了，你始终在从前的小范围活动，没有扩展更大、更广、更有用的交际圈。而其他人在此期间却把事业和人际都处理得相当好。同时，由于心理失衡，容易产生怨天尤人的消极情绪，总觉得什么都不够理想，总觉得自己被埋没了，其实，是你没有展示出自己的价值，导致自己没有得到应有的平台。

比如，有很多人热衷跳槽，觉得在此公司没有发展前途，于是就跳到另一个地方，但跳来跳去也没有什么结果，反而浪费了大量的时间和精力。究其原因，就是他们只是忙着跳槽，而忽视了提高自身的价值。

赵欣在一家电脑公司做销售业务，她业绩平平，每天上班的心情很难受。她总觉得自己不得志，是这个公司限制了自己的才华和发展。有一天，她终于忍不住了，对好友说："我要离开这个单位，我恨死它了！"

好友知道了来龙去脉后，建议道："我举双手赞成你离开，一定要给这个破公司点颜色看看。不过，你现在离开还不是最好的时机。"

赵欣问："为什么呢？"

好友说："如果你现在走，公司的损失并不大。你应该趁着在公司的时候，拼命地为自己拉一些客户，成为公司独当一面的人物，然后带着这些客户突然离开公司，公司才会受到重大损失，非常被动。"

赵欣觉得好友说得非常在理，于是努力工作。事遂人愿，经过半年多的努力工作后，赵欣有了许多的忠实客户，业绩与工资直线上升，给公司创造了不少经济效益。但是，她再也没有离开的打算了。

相信这个故事很多人都看过。一个人的工作经历，最终只能是为自己的简历增添几句叙述的文字而已。干的工作多并不能代表你有能力。只有在工作中体现了你的价值，让老板真正看到你有被"利用"的价值，有为公司提供更大的利益的价值，才会给你更多的机会。从职场推演到人生的其他方面，也是同样的道理——一个人只有不断提升自己的价值，才能展现更多的才能，才会获得他人的青睐，自己的人际网当然也会越织越广了。

因此，一个人只有在平时不断提升自己的价值，才能展现更多的才能，才会获得更多的青睐。当你的价值得到更多的人认可，会有更多的人愿意接近你。在哀叹自己周围缺乏良好的人际圈之前，还是先从培养自己自身的价值开始吧！

人际交往真相：没有实力，不管认识谁都白搭

没有实力，就算认识谁都白搭。说到底，你要成为人际交往中的核心人物，打造一个属于你的精英团队，你就必须成为精英中的精英。你当然不必样样精通，但必须有一样是在人群中大放光彩的亮点。

李炎是个性格活泼的小伙子，平时非常喜欢交朋友。上学的时候朋友们都叫他开心果，都很乐意跟他交往，所以，他学生时代的朋友很多，这也使得他一向自信他的人缘好。大学毕业后，他的亲戚托自己一位做总经理的朋友给李炎找了一份工作，试用期3个月，工作是从销售做起。

来到新公司，他非常高兴，热情地和同事们打招呼，因为不熟悉业务，他常常会去找那些工作时间长、有能力的同事请教，虽然他很谦虚，却没想到有些人对他总是不热情，有的甚至不爱

搭理他。

李炎回头仔细想想，不得不承认，在职场里，人们更看重的是你这个人有没有能力，值不值得帮助，有些人之所以对自己爱搭不理的，就是因为自己没有能力和经验，总之一句话，就是自己不具备让人信服、让人看好的条件。

明白这一点后，李炎在工作中非常努力，勤奋好学，还报名参加了职业进修班来提高自己的业务知识和技能。在接下来的工作中，通过他的辛苦努力，终于做出了些工作成绩，并顺利通过了试用期。他的工作业绩不仅得到了上司的赞赏，连先前那些对他不太友善的同事们也开始对他表示出好感，有的还表示要向他取经呢。

谁不希望与能力强的人为友呢？所以说，只有努力让自己变强，你才可能赢得更多的朋友。有人说人际交往的最高境界就是互利。这句话虽然听着有些功利性，但事实如此。当你发现某个人可以交朋友，准备主动去和他建立人脉关系。结果人家经过对你的了解，发现你原来是金玉其外，败絮其中，那么很显然，人家不会有兴趣与你做朋友。

再换位思考一下，假如你认识这么个人，而他平时没事从来不找你，既不能给你提供帮助，也不能给你情感上的需求，但是却一有困难就跑过来找你帮忙，这样的人，你会和他做朋友吗？恐怕你会躲着他走吧。朋友之间的关系不是单纯的索取，而是彼此互利互助。由此可见，如果你想获得朋友，那就必须提高自己的素质、道德修养及行为能力。只有这样，才能保证你和朋友之间形成良性的互利关系，而这也才是你们之间的关系保持稳固发展的根本。

把自己武装成"绩优股"，吸引各方的注意

有句俗话叫："王婆卖瓜，自卖自夸。"虽然其中蕴涵了一些对自吹自擂者的讽刺意味，但这种自我宣传在某些情况下还是很有必要的。

社会就如同竞技场，有许多机会都是要靠自己去争取的。如果有能力，就应该自告奋勇地去争取那些别人无法完成的任务，千万不要让自己淹没在人群中，或者躲在被人们遗忘的角落里。成功者会让自己闪耀夺目，像磁铁一样吸引各方的注意。

有一匹千里马，身材非常瘦小，它混在众多马匹之中，默默无闻。主人不知道它有与众不同的奔跑能力，它也不屑表现，它坚信伯乐会发现它的过人之处，改变它的命运。

有一天，它真的遇到了伯乐。伯乐径直来到千里马面前，拍了拍马背，要它跑跑看。千里马激动的心情像被泼了盆冷水，它想，真正的伯乐一眼就会相中我，为什么不相信我，还要我跑给他看呢？这个人一定是冒牌的。千里马傲慢地摇了摇头。伯乐感到很奇怪，但时间有限，来不及多作考察，只得失望地离开了。

又过了许多年，千里马还是没有遇到它心中的伯乐。它已经

不再年轻，体力越来越差，主人见它没什么用，就把它杀掉了。千里马在死前的一刻还在哀叹，不明白世人为什么要这么对待它。

客观而言，千里马的一生是悲惨的，可以说是"怀才不遇"。它终年混迹于平庸之辈中，普通人不能看出它的不凡之处，伯乐也错过了提拔它的机会。但是谁导致这种悲剧的呢？是它的主人，还是伯乐？都不是。怪只怪千里马自己，假如它当初能够抓住机遇，勇敢地站出来，在伯乐面前不顾一切地奔跑，表现出自己与众不同的优秀品质来，用速度与激情证明自己的实力，恐怕它早就离开那个狭窄的空间，到属于自己的广阔天地尽情施展才能了。

人们过去总说"酒香不怕巷子深"，但事实并非如此。试想，要有多么浓郁的芳香才能从深巷里传入人们的鼻中呢？又有多少人能够静下心来寻找这芳香的源头呢？再香的酒，只怕最终也不过落得个"长在深巷无人识"的结局。许多人常慨叹怀才不遇，却不知道能力是需要表现出来的，有本事就要发挥出来，不吭声、不动作，谁会知道你胸中的万千丘壑，谁会将你这匹千里马从马群中挑选出来呢？

不少人总是满怀希望地等待着，期待伯乐发现自己、提拔自己。只可惜千里马常有，而伯乐不常有，并不是所有领导、上司都独具慧眼，将机会拱手送上。在你做白日梦的时候，别的千里马，甚至是九百里马、八百里马们早已迎风驰骋，令众人瞩目，获得了充分展示自己的舞台。而默不做声的你，自然只能被淹没在无

35岁前，搭建属于自己的舞台：
当你的才华还不起你的梦想时该做的事

人问津的平庸者当中。

现实终究是现实，成功的机会不会自动跑到你面前来，一切都要靠你自己去争取。要知道，就算天上掉下馅饼，也要主动去捡，而且必须抢先别人一步。金子如果被埋在土里，就永远不会闪光。

因此，即便是实力再强的人，也要学会表现自己，要善于表现自己，才能让自己的优势展现于世人面前，才能使自己成为求才若渴的人们心目中的抢手货。

以现代职场为例，默默无闻、埋头苦干的人，往往不一定能够得到重用。一个成功的人，不仅要拥有雄厚的实力，还要善于表现自己，这样才有机会脱颖而出。

正如美国著名演讲口才艺术家卡耐基所言："你应庆幸自己是世上独一无二的，应该把自己的禀赋发挥出来。"在如今这个凸显自我价值的时代，实力已不是成功的唯一条件，还需把自己"捧红"，把自己"炒热"，这样才能扩大自己的影响力，赢得更多的关注。

发掘自己的优势，着力发展自身长处

哲学家说过这样一句话："一个人如果能意识到自己是什么样的人，那么，他很快就会知道自己应该成为什么样的人。"每个人都有自己的优势，发掘自己的优势、着力发展自己的长处，能够让你更容易获得成功，赢得他人的青睐与追随。

奥托·瓦拉赫是 1910 年诺贝尔化学奖获得者，在读中学时，父母为他选择的是一条文学之路，但老师的评语是："瓦拉赫很用功，但过分拘泥，这样的人即使有着完美的品德，也绝不可能在文学上发挥出来。"此时，父母只好尊重儿子的意见，让他改学油画。可瓦拉赫的成绩在班上是倒数第一，学校的评语更是令人难以接受："你是绘画艺术方面的不可造就之才。"一事无成的瓦拉赫让大多数老师对他的成才失去信心，只有化学老师认为他做事一丝不苟，具备做好化学实验应有的品格，建议他试试学化学。父母接受了化学老师的建议。这次，瓦拉赫的智慧火花一下被点着了，在化学领域取得了令后人尊敬的成绩。

人的智能发展都是不均衡的，都有智能的强点和弱点，瓦拉赫找到了自己智能的最佳点，才使自己的智能潜力得到充分的发挥，取得惊人的成绩。

歌德说："一个人不能骑两匹马，骑上这匹，就会丢掉那匹。聪明人会把分散精力的事情置之度外，专心致志地学一门知识，学一门就要把它学好。"而你所学的这一门，一定要是你最熟悉、最擅长的一门。

那么如何发现我们的潜在优势呢？可以从以下两个方面来进行观察：

1. 从兴趣看优势

人们的兴趣所在往往就是其优势的"闪光点"。以贝多芬为例，这位世界级音乐大师早在 4 岁时就对音响与旋律产生浓烈兴趣，喜欢在琴键上来回按动。其祖父及时抓住这一"闪光点"，有意识地去培养他，结果贝多芬8岁时就上台表演，最终作为享誉世界的音乐家而流芳百世。

想发现我们的兴趣，主要要在平时仔细观察。

2. 从性格看优势

据德国科学家研究，人的个性是其优势的"显示屏"，最突出的例子在于判断人的行为是理性还是感性。密歇根大学的专家曾经对此问题进行过问卷调查，依据人在同别人发生意见分歧时的态度予以性格分类，并与现实的情况进行对照研究，发现那些意见一旦被否决就直掉眼泪的人感情脆弱敏感，这类人有艺术天分。

汉堡的著名心理学家赫乐穆特尔勒的解释是：这类人从不试图解决冲突，因此长大后的内心世界比较丰富。而那些总想设法在语言上达到目的、喜欢作立论性发言、显得自信的人，许多人成了法官、新闻记者或律师。至于那些不经过深思熟虑就脱口而出，为证明自己正确而捶胸顿足、

态度咄咄逼人的人，则容易成为独来独往的管理者。

总之，了解自己，找到自己的优势，然后好好地经营它，那么久而久之，自然会结出丰硕的成果。如果你是一个不甘平庸、想成就一番事业的人，那么就在认识自己长处的这个前提下扬长避短，认真地做下去吧。也许你的优势还只是很小的一点点，需要经过长时间的积累和经营才能形成真正的实力，但请一定要持之以恒。只要坚决守住自己的阵地，绝不把最擅长的领域丢弃，那么你一定会成就自己。一个有成就的人，还发愁没有人关注吗。

广撒网，多角度提升自己

世界金融投资界享有"投资骑士"声誉的吉姆·罗杰斯说过："一生中毫无风险的投资事业只有一项，那就是——投资自我。"的确如此，最合适、最有把握、收益率最高的正是投资自己。提升自己，增强自己各方面的能力，不仅能让更多的人来到你身边，还可以让你在成功的道路上越走越顺。

具体说来，你该如何提升自己，从哪些方面入手呢？

1. 不要放弃学生时代所学

大概很多人会说："大学里学的东西，对现在的工作一点帮助都没有。"如果因此就将从前所学抛诸脑后是很可惜的。人不太可能一辈子都做同一份工作，持续花费心力在学生时代所学的学科上，非但不是浪费，在转职时反而能增加选择的机会。

2.柔性思考，多角度阅读

现今职务有细分化的趋势，在高度专业化之下，大家都竭尽所能地加强专业知识，结果造成不少人除了自己的专业之外，对其他的事都不了解。所以在强化本专业知识的同时，也要多多涉猎其他专业的知识。

3.每个星期给自己一个新的挑战

长期处于相同的环境下，年轻人也会加速僵化衰老。所以，每个星期给自己一个新的冒险吧！买本新书，或到从来没去过的地方逛逛，给自己新鲜的刺激与活力。

4.实际接触热门商品，思考其畅销的理由

现代社会的变动速度惊人，若不跟上潮流，只能面临被淘汰的命运。对于畅销的产品，并不一定要购买，但应该要实际去感受，思考其为什么会畅销。公司并不是图书馆，成天待在办公桌前，那真的就像在养老了，多出去走动走动吧！

5.放假时到热闹的地方去感受时代的脉动

据统计，上班族选择休闲娱乐的方式，排在首位的就是看电视，占五成以上，剩下三成的人则是选择睡觉。当然，在辛苦工作一周后，适当的休息是必要的，但休闲生活的品质也应该兼顾。趁休假时到商场逛逛、听听音乐会等，能够看到许多平常没有机会看到的各形各色人物，说不定还能扩大自己的社交范围，认识新的朋友。

6. 利用上班路上的时间做定点学习

一个人每天往返于工作地点和家中，一年中平均有 500 小时至 1000 小时无目的地浪费掉了。其实你完全可以利用这些零散的时间来提高自我，比如听听专业知识录音带，看看袖珍英语词典，等等。有人计算过，如果能够充分利用这段时间，效果竟相当于在大学学习两学期。有很多伟大的成功者都会巧妙地利用这段零散的时间，让自己在不知不觉中比别人高出一筹。

7. 在星期天阅读一周的报纸

报纸中有相当多实时性的消息，是吸收情报的重要渠道，但每天一部分一部分地阅读，只是"点"的层面，利用星期天翻阅当周的报纸，对一个议题可以连接起"线"的层面，了解整个事情的来龙去脉。

8. 看报道不要只看财经新闻

对于上班族而言，财经新闻当然是重点必读，但如果只阅读单一报纸，视野难免会过于狭隘，因此多翻阅几份，对磨炼自己对新闻的敏锐度绝对有帮助。而其他的版面，如体育版、文艺版也应该浏览一番，往往会有意想不到的收获。

9. 每周阅读一本书

要培养良好的阅读习惯，以帮助你在知识爆炸的年代提高信息取舍的能力，在滚滚情报洪流中获得最有利的信息。古典文学、世界名著、伟人传记、学生时代喜爱的读物，这些看来和工作不相干的书籍，能扩展视野，在人格培养及思考能力的提高上会有很大的帮助。

10. 多和不同领域的人接触

大体而言，我们和能谈论相同话题的朋友比较处得来。但事实上，多接触不同领域的人，听听各行各业的工作概况和甘苦，能给予头脑新鲜的刺激，活化思考，同时也是培养情报搜集力、扩大交际圈的绝佳机会。对于刚开始工作的新鲜人，多和不同领域的人接触，增广见闻、扩展视野是相当重要的。

11. 至少学习一种外语

有不少上班族从学校毕业之后就和语言学习绝缘，尤其是在非国际性公司工作的人，常常会疏于外文上的进修。就未来的趋势而言，有潜力的企业一定会朝向国际化发展，不趁年轻储备实力，等三四十岁成为公司的中坚分子时才来学习，不但费力，也失去了竞争力。

推销自己的能力也是实力之一

巧妙地推销自己，是变消极等待为积极争取、加快目标实现的不可忽视的手段。常言道："勇猛的老鹰，通常都把他们尖利的爪牙露在外面。"精明的生意人，想把自己的商品待价而沽，总得先吸引顾客的注意，让他们知道商品的价值，人，何尝不是如此呢？《成功地推销自我》的作者 E. 霍伊拉说："如果你具有优异的才能，而没有把它表现在外，这就如同把货物藏于仓库的商人，顾客不知道你的货色，如何叫他掏腰包？各公司的董事长并没有像 X 光一样透视你大脑的组织。"

因此，积极的自我推销，才能吸引他人的注意，从而判断你的能力，助你成功。推销自己既是一种才华，也是一门艺术。一个人要推销自己，就要做到：

1.要确定交往的对象

根据不同的对象，推销应采取不同的方式。你的外表应该随着推销对象的不同而有所变化。

如果是在公司里，你就要考虑一下，你在公司里喜欢与哪些人交谈，他们对你抱有什么期望，你有哪些特点能够对你的"对象"产生影响？同时，注意观察卓有成效的同事的行为准则，并吸取他们的优点。

2.利用别人的批评

你也应了解别人对你的意见和指责，应该坦诚地接受批评，从中吸取教训。另外，应当注意言外之意。例如，如果你的上司说你工作效率很高，那么在这背后也可能隐藏着对你的批评。

3.要善于展示自己的优点

在人际交往中，要善于展示自己的优点。

如果表现不好，就容易给人一种夸夸其谈、轻浮浅薄的印象。因此，最大限度地表现你的美德的最好办法，是你的行动而不是你的自夸。成功者善于积极地表现自己最高的才能、德行，以及各种各样处理问题的方式。这样不但能表现自己，也参与吸收别人的经验，同时会获得谦虚的美誉。学会表现自己吧，在适当的场合、适当的时候，以适当的方式向你的领导与同事表现你的优点，这是很有必要的。

4. 要善于包装自己

超级市场的货架上灰色和棕色的包装很少，为什么呢？这是因为没有人喜欢这些颜色的包装。你要不想成为滞销品，也应当检查自己的"包装"——服装、鞋子、发型、打扮等。要敢于经常改变自己的"包装"，那常会给人耳目一新的感觉。

在推销自己的时候，外表非常重要，而且永远不可忽视。生活中有很多人，虽然相貌平平，但在事业上也能获得很大的成功，关键是她们懂得包装自己。因此，对你的外表，你要加以注意，以充分挖掘、利用自己的优势。

5. 适当表现你的才智

一个人的才智是多方面的，假如你想表现你的口语表达能力，你就要在谈话中注意语言的逻辑性、流畅性和风趣性；如果你想表现你的专业能力，当上司问到你的专业学习情况时就要详细一点说明，你也可以主动介绍，或者问一些与你的专业相符的新工作单位的情况；如果你想让上司知道你是一个多才多艺的人，那么当上司问到你的爱好兴趣时就要趁机发挥，或主动介绍，以引出话题。至于表现自己的忠诚与服从，除了在交谈上力求热情、亲切、谦虚之外，最常用的方式是采取附和的策略，但你要尽量讲出你之所以附和的原因。总之，在表现你的才智时，要注意适时、适当的原则，避免引起上司的猜忌。

6. 推销自己应自然地流露

会推销自己的人都是自然地流露，而不是做作地表现。成功者从不夸耀自己的功绩，而是让其自然地流露出来。例如，在你向领导汇报工作时，不妨说："我做了某事……但不知做得怎么样，还望您多多指点，您的经验丰富。"这样，你好像是在听取领导的意见，而实际上你已经表现了自己，又充分体现了你谦虚的美德。如果你以请功的口气直接向您的领导说，我做了某事，这事很不简单，做起来真不容易，其具有怎么怎么高的价值。这样，你在领导心目中就已经损害了自己的形象，也降低了你在领导心目中的地位。

7. 占领"市场"

在公司里要尽量使自己引起别人的注意，例如，在夏天组织一次舞会或与同事们一起外出旅游。同时，要与以前的同事和上司们保持联系，建立一张属于自己的关系网。

8. 不要害怕错误

工作中出现错误在所难免，关键是你应为应对出现严重的情况做好准备。如果一个项目真的遭到失败，既不要惊慌失措，也不要转而采取守势，而应勇敢地承担责任，提出解决问题的办法。在紧张状态中表现得头脑清醒、思路敏捷的人会得到同事和上司的器重。当你在推销自己的时候，别担心做错事，人总是要不断地从错误中获得教训、得以成长的。

PART 2

今天的格局，明天的结局

—— 你的眼界有多大，你的舞台就有多大

扩大你的内心格局

几个人在岸边的岩石上垂钓,一旁有几名游客在欣赏海景之余,亦围观他们钓上岸的鱼,口中啧啧称奇。

只见一个钓者竿子一扬,钓上了一条大鱼,约三尺来长。落在岸上后,那条鱼依然腾跳不已。钓者冷静地解下鱼嘴内的钓钩,顺手将鱼丢回海中。

围观的众人响起一阵惊呼,这么大的鱼犹不能令他满意,足见钓者的雄心之大。就在众人屏息以待之际,钓者渔竿又是一扬,这次钓上的是一条两尺长的鱼,钓者仍是不多看一眼,解下鱼钩,便把这条鱼放回海里。

第三次，钓者的渔竿又再扬起，只见钓线末端钩着一条不到一尺长的小鱼。围观众人以为这条鱼也将和前两条大鱼一样，被放回大海，不料钓者将鱼解下后，小心地放进自己的鱼篓中。

游客中有一人百思不解，追问钓者为何舍大鱼而留小鱼。钓者经此一问，回答："喔，那是因为我家里最大的盘子只不过有一尺长，太大的鱼钓回去，盘子也装不下……"

舍三尺长的大鱼而宁可取不到一尺的小鱼，这是令人难以理解的取舍，而钓者的唯一理由，竟是因为家中的盘子太小，盛不下大鱼！

在我们的生活经历中，其实也存在许多类似的例子。例如，很多时候，我们有一番雄心壮志时，就习惯性地提醒自己："我想得也太天真了吧，我只有一个小锅，煮不了大鱼。"因为自己

平凡，而不敢去梦想非凡的成就；因为自己学历不足，而不敢立下宏伟的大志；因为自己自卑保守，而不愿打开心门，去接受更好、更新的信息……凡此种种，我们画地为牢、故步自封，既挫伤了自己的积极性，也限制了自己的发展。

那些人生篇章舒展不开，无法获得大成就的人，大多是没有大格局的人。所谓大格局，就是以长远的、发展的、战略的、全局的眼光看待问题，以博大的胸襟对待人和事。对一个人来说，格局有多大，人生就有多大。那些想成大业的人需要高瞻远瞩的视野和不计小嫌的胸怀，需要"活到老、学到老"的人生大格局。古今中外，大凡成就伟业者，他们都是一开始就从大处着眼，一步步构筑他们辉煌的人生大厦的。

如果把人生比作一盘棋，那么人生的结局就由这盘棋的格局所决定。在人与人的对弈中，舍卒保车、舍车保帅、飞象跳马……种种棋路就如人生中的每一次拼搏。相同的将士象，相同的车马炮，却因为下棋者的布局而大不相同，输赢的关键就在于我们能否把握住棋局。要想赢得人生的这盘棋局，就应当站在统筹全局的高度，有先予后取的度量，有运筹帷幄而决胜千里的方略与气势。棋局决定着棋势的走向，我们掌握了大格局，也就掌控了大局势。

通过规划人生的格局，对各种资源进行合理分配，才可能更容易地获得人生的成功，理想和现实才会靠得更近。人生每一阶段的格局，就如人生中的每一个台阶，只有一步一步地认真走好，才能够到达人生之塔的顶端。

所以，扩大自己内心的格局，对于前景，去构思更大、更美的蓝图。我们将会发现，在自己胸中，竟有如此浩瀚无垠的空间，竟可容下宇宙间永恒无尽的智慧。

有什么样的人生格局，就有什么样的人生结局！

突破旧的格局，开放你的人生

同样的榕树种子，放在小盆里栽种，最多只能长到半米高；放到大盆子里，就会长到一米多高；而放在大自然中，就可以长到五米以上。明白了这些，我们何不把自己的格局放宽一点儿、拓深一些，这样我们理想的种子就可以长成参天大树！

开放自己的人生，需要我们打破禁锢自己的旧格局，只有这样，我们才可以开创更宏大的发展空间。

创造新格局，需要我们培植以下的几个关键因素：

1. 志当存高远。

有一句话这样说："取乎上，得其中；取乎中，得其下。"就是说，假如目标定得很高，取乎上，往往会得其中；而当你把目标定得很一般，很容易完成，取乎中，就只能得其下了。由此，我们不妨把目标定得高一些，因为愿景所产生的力量更容易让人在每天清晨醒来时，不再迷恋自己的床榻，而抱着十足的信心和动力去面对新的挑战。

2. 心态决定命运。

心态决定事业的成败，在人生的这盘棋局中，心态会决定你人生的棋局状态，所以，好心态才能实现好格局。

3. 人生当进退自如。

大丈夫应当能屈能伸。屈于当屈之时，是一种人生的智慧；伸于当伸之时，同样是一种人生的智慧。屈，是隐匿自我，是为了保存力量，是暂时处于人生的低谷；而伸，是发扬自我，是为了光大力量，是为了攀登人生巅峰。只有能屈能伸的人生，才是完满而丰富的人生。

4. 宽容豁达，厚德载物。

大肚能容，容天下难容之事；慈颜常笑，笑世间可笑之人。管子云："海不辞水，故能成其大；山不辞土石，故能成其高；

明主不厌人，故能成其众。"但凡成功的人，都有一个博大的胸怀。古往今来，许多事实也证明了一个真理：宽容才能成就伟大。

5.大处着眼，不贪一时之利。

金钱财富、功名利禄都是身外之物，生不带来，死不带去。贪得太多，只会失去更多，适可而止，知足才能常乐！

6.置之死地而后生。

置之死地而后生是一种胆略，是一种气势，是一种魄力。破釜沉舟，绝处求生，这样的人生才算极致精彩！

在许多大师所指示的成功法则中，敞开自己的心门，去接受各式各样的信息和评价，是极重要的一环。切莫因自己的浅薄和慵懒，而不接受许多深奥、开阔的智慧，坐井观天绝非一位积极追求卓越人生的人所该抱持的态度和方式。破除旧格局的拘囿，我们才能迎来新格局的异彩纷呈。

人生无格则难成局，无局则难有造化！格局是气度的经纬，视野的引导，仁慈的酵母，得失的座右铭，耐力的通行证。所以，神之异于人乃气度不同，故云：上指天，下指地，天地之间唯我独尊；君之异于庶乃视野不同，故云：日月每从肩上过，江河总在掌中望；仁之异于暴乃所怨不同，故云：对别人仁慈并非对自己残忍，而是给自己成长；得之异于失乃座右铭不同，故云：舍弃就是一种选择；智之异于蠢乃耐力不同，故云：时间对有智慧的人是成就的通行证，但对愚蠢的人是面目可憎的催化剂。每个人都如此，差别只在于采取的对待方式不一样而已！

格局是引领风骚的精髓，是决胜千里的兵略，我们不能哀叹时运不济碌碌虚度此生，何不昂起不屈的头颅，打破旧格局，拼搏一番呢？

视野有多大，世界就有多大

"横看成岭侧成峰，远近高低各不同。"换个视角看风景，风景便有不一样的风采；换个角度看人生，人生也会有不同的发现。一个人的世界有多大，取决于他视野的大小，视角越大，获得成功的机会也就越大。也许心的体积很小很小，世界却很大很大；换一个视角，心的格局可以变得和世界一样无限广阔。

1941年深夜，在美国洛杉矶一间宽敞的摄影棚内，一群人正在忙着拍摄一部电影。"停！"刚开拍几分钟，年轻的导演就大喊起来，一边做动作一边对着摄影师大声说："我要的是一个大仰角，大仰角，明白吗？"

又是大仰角！这个镜头已经反复拍摄了十几次，演员、录音师……所有的工作人员都已累得筋疲力尽，可是这位年轻的导演总是不满意，一次次地大声喊"停"，一遍遍地向着摄影师大叫"大仰角"！

此时，扛着摄影机趴在地板上的摄影师再也无法忍受这个初出茅庐的小伙子，站起来大声吼道："我趴得已经够低了，你难道不明白吗？"

周围的工作人员都停下了手中的工作，有些幸灾乐祸地看着他们。年轻的导演镇定地盯着摄影师，一句话也没有说。突然，他转身走到道具旁，捡起一把斧子，向着摄影师快步走了过去。

　　人们不知道这位年轻的导演会做怎样的蠢事。在周围人的惊呼声中，只见年轻的导演抡起斧子，向着摄影师刚才趴过的木制地板猛烈地砍去，一下、两下、三下……他把地板砸出一个窟窿。

　　导演让摄影师站到洞中，平静地对他说："这就是我要的角度。"就这样，摄影师蹲在洞中，压低镜头，拍出了一个前所未有的大仰角，一个从未有人拍出的镜头。

　　这位年轻的导演名叫奥逊·威尔斯，这部电影是《公民凯恩》。电影因大仰拍、大景深、阴影逆光等摄影创新技术及新颖的叙事方式，被誉为美国有史以来最伟大的电影之一，至今仍是美国电影学院必备的教学影片。

　　拍电影是这样，对待人生更是如此，如果你的视角很低、很小，你怎么能看到艰难后面的希望和快乐呢？人生的格局也许难以改变，但怎么看却由你来决定。"横看成岭侧成峰，远近高低各不同。"换个视角看风景，风景便有不一样的风采；换个视角看人生，人生也会有不同的发现。

　　改变生命的视角，你就能看见一个不一样的人生，拥有一个不一样的人生。一个人的视角若只局限在眼前，就容易变得短视，就常会为小事纠结。可是一旦放宽视野，惊叹于世界之大，我们就会感觉到，那些曾被你看重的东西，其实只不过是微乎其微的。

每个人都是一个广阔的世界，心的格局很宽很大。

开阔视野，重要的是怎么去看待周围的世界和认识你自己，不同的方式、不同的态度会带来不同的结果。生活中烦心的事本来很多，有的越想忘掉越不容易忘掉，那就坦然地接受它就好了，放大视野看烦恼，反而可以变得超脱。也许心的体积很小很小，世界却很大很大；但世界的容积是有限的，心的格局却无限广阔。

井底之蛙，永远看不到辽阔的大海

故步自封和过度的自我满足让人的世界变得越来越小。而有些人宁可在暂时的安逸中沉湎，也不愿提高自身的能力和核心竞争力以适应环境变化。这种做法和文中的两只青蛙所做出的反应，几乎同出一辙。

有一只青蛙生活在井里，那里有充足的水源。它对自己的生活很满意，每天都在欢快地歌唱。

有一天，一只鸟儿飞到这里，便停下来在井边歇歇脚。青蛙主动打招呼说："喂，你好，你从哪里来啊？"

鸟儿回答说："我从很远很远的地方来，而且还要到很远很远的地方去，所以感觉很劳累。"

青蛙很吃惊地问："天空不就是那么大点吗？你怎么说是很遥远呢？"

鸟儿说："你一生都在井里，看到的只是井口大的一片天空，

怎么能够知道外面的世界呢？"

青蛙听完这番话后，惊讶地看着鸟儿，一脸茫然和失落的样子。

这是一个我们早已熟知的故事，或许你会感到好笑，但在现实生活中，仍可以见到许许多多的"井底之蛙"陶醉在自我的狭小领域中。这种自以为是的自足自得，只会导致眼光的短浅和心胸的狭隘。信息的落后和自我张狂会让自己和现实离得越来越远。特别是在竞争日趋激烈的今天，故步自封和过度的自我满足只会让你的世界越来越小，并时刻有被淘汰的危险。因此，每个人都应该走出"小我"，积极地提升自身的能力，开阔自己的视野，这样才能在汹涌的时代大潮中立于不败之地。

下面，我们再讲一个有关于青蛙的故事。

在19世纪末，美国康乃尔大学做过一次有名的青蛙实验。他们把一只青蛙冷不防丢进煮沸的油锅里，在那千钧一发的生死关头，青蛙用尽全力，一下就跃出了那势必使它葬身的滚烫的油锅，跳到锅外的地面上，安全逃生。

半小时后，他们使用同样的锅，在锅里放满冷水，然后又把那只死里逃生的青蛙放到锅里，接着用炭火慢慢烘烤锅底。青蛙悠然地在水中享受"温暖"，等它感觉到承受不住水的温度，必须奋力逃命时，却发现为时已晚，欲跃无力。青蛙全身瘫痪，终于葬身在热锅里。

在生活中，我们随处可以看到，许多人安于现状，不思进取，在浑浑噩噩中度日，害怕面对不断变化的环境，更不愿增强自己的本领，去发挥自身的优势以适应变化。最终在安逸中消磨了所有的生命能量。

不少人会有这样的体验，虽然每天准时上班，每天按计划完成该做的事，但总觉得生活得呆板，缺乏活力。似乎该做的事都已经做了，生活中再也找不到还能去做选择和努力的地方。曾经就有这样一个人们一致公认的成功人士，竟爬上楼顶，从上面跳了下去。

问题出在哪里？从表面上看，他是因为反复循着同样的生活方式，没有新鲜的感受，没有新的创意，产生了厌倦和疲劳，身心感到耗竭。

再往更深的层次看，也许是目标定得不够高，成功后就再看不到更高的奋斗目标了；也许有着不切实际的预期。这样，无论他的学业、事业多么地成功，都无法达到预期的要求；也许是认识不到自己工作的成就和价值；也许是把自己的目标定得太窄，于是生活变得刻板，没有生气。

美国的本杰明·富兰克林是举世闻名的政治家、外交家、科学家和作家。他的多方面才能令人惊叹：他4次当选宾夕法尼亚州的州长；他制定出《新闻传播法》；他发明了口琴、摇椅、路灯、避雷针、两块镜片的眼镜、颗粒肥料；他设计了富兰克林式的火炉和夏天穿的白色亚麻服装；他最先组织消防厅；他首先组织道路清扫部；他是政治漫画的创始人；他是出租文库的创始人；他是美国最早的警句家；他是美国第一流的新闻工作者，也是印刷工人；他创设了近代的邮信制度；他想出了广告用插图；他创立了议员的近代选举法；他的自传是世界上所有自传中最受欢迎的自传之一，仅在英国和美国就重印了数百版，现在仍被广泛阅读……

诚然，像富兰克林这样敢于尝试，并在各方面都显示出卓越才能的人是少见的。可是，这也足以说明：只要愿意，人无所不能。作为普通人，虽然我们不可能在各方面都有所建树，但如果我们敢于求新求变，试着涉足更广阔的领域，即使不能成名立万，也会使生活变得更加丰富多彩。长期单调乏味的生活常常会使最有耐性的人也觉得忍无可忍，读到这里，你完全应该相信：你还可以做好很多事情。

人生无处不套牢，思路决定出路

"套牢"是股市上的一个术语，却也很好地表现出了人生中的一种尴尬处境。就像一个禅学故事中所讲的，一只贪食的鸟儿拼命地往网孔中钻，可任凭它怎样用力，脖子被勒得窒息，也够不着近在咫尺的虫子。当人们拼着性命往套中钻时，却怎么也得不到自己所渴望得到的。也许，这种削尖脑袋往套中钻的动机和想法本身就是一个圈套，或者说是一堵围困人生的墙吧。

在股市猛地热了起来的时候，有个词的使用频率突然增高，这便是——套牢。许多人被股市赚钱的光环所诱惑而奋不顾身地跳了进去，谁知股价非但不涨反而直线下跌，这就是被套牢了。凡是玩股票的人，没有一个喜欢自己被套牢的。可是大凡玩股票的人，没有一个幸免于此。

股市真可谓是人生大课堂。收市之后，你如果将眼光放得远一点，会忽然发现，人生真是无处不套牢。生而为人，上学了被学校套牢，工作了被单位套牢，结婚了被家庭套牢，死了被骨灰盒套牢。

说起来，有些套子是自己钻的。股票是自己要买的，婚是自己要结的，国是自己要出的，孩子是自己要生的。假如买不到股票，有些人是会抱怨的；假如生不出儿子，有些人是会沮丧的；假如出不了国，有些人是会恼火的。有朋友终于拿到了绿卡，却立即愁眉苦脸起来，说是原本穷学生一个，万事没有关系，而现在要以一个美国人的标准来要求自己，车是什么档次的车，房子是什么档次的房子，衣服是什么衣服，工作是什么工作，凡此种种，不一而足，原来绿卡也是个圈套。这么一说，做人就难了。得到了朝思暮想的东西还要犯愁，甚至更愁，人生真是很无奈。

仔细想想，人又不能没有一点东西将自己套牢。过于自由，心里就空落落的，魂不守舍，食不甘味，这种那种的孤独就要来咬人。人不是被这个套牢，就是被那个套牢，一套接着一套，彻底的孤鬼儿一个是不可想象的。有种说法是不错的：凡是活人必然是套中之人。

而人要套自己是最无可救药的。有一个人热爱炒股，小有进账。然而他总是拨起算盘算自己理论上应该赚多少，而实际上少赚了多少，这样算来算去反而更不快乐。友人劝他何苦和自己过不去，留得"生命"在，还怕没钱赚？他觉得这话是对的，但心里忍不住还是惦记那飞走的铜钱。唉！不知道是人套钱，还是钱套人，天下的傻瓜们啊！

人生不应该有太多的牵累与负荷。现在拥有的，我们应该珍惜；已经失去的，也没必要再为之哭泣。抬头向前看，会有更美好的生活在等着你。只要还有一颗乐观向上的心，人生就会一路充满阳光。

尤利乌斯是一个画家，而且是一个很不错的画家。他画快乐的世界，因为他自己就是一个快乐的人。不过没人买他的画，因此他想起来会有点伤感，但只是一会儿。

"玩玩足球彩票吧！"他的朋友们劝他，"只花2马克便可赢很多钱！"

于是尤利乌斯花2马克买了一张彩票，并真的中了彩！他赚了50万马克。

"你瞧！"他的朋友都对他说，"你多走运啊！现在你还经常画画吗？"

"我现在就只画支票上的数字！"尤利乌斯笑道。

尤利乌斯买了一幢别墅并对它进行了一番装饰。他很有品位，买了许多好东西：维也纳橱柜、佛罗伦萨小桌、迈森瓷器，还有古老的威尼斯吊灯。

尤利乌斯很满足地坐下来，点燃一支香烟静静地享受他的幸福。突然，他感到好孤单，便想去看看朋友。如同在原来那个石头做的画室里一样，他把烟往地上一扔，然后就出去了。

燃烧着的香烟躺在地上，躺在华丽的地毯上……一个小时以后，别墅变成一片火的海洋，它完全烧没了。

朋友们很快就知道了这个消息，他们都来安慰尤利乌斯。

"尤利乌斯，真是不幸呀！"他们说。

"怎么不幸了？"他问。

"损失呀！尤利乌斯，你现在什么都没有了。"

"什么呀？不过是损失了2个马克。"

走出囚禁思维的栅栏

有时，我们固有的思维就是囚禁自己的"栅栏"，要还创造力以自由，首先要做的便是突破常规思维。

世界上没有两片完全相同的树叶，同样，世界上也没有两个完全相同的人。每个人自身的独特性，造成其别具一格的思维方式，每个人都可以走出一条与众不同的发展道路来。但保持个性的同时，也应追求突破创新，否则，你将陷入自身的思路的"圈套"当中。

每个人都会有"自身携带的栅栏"，若能及时地从中走出来，实在是一种可贵的警悟。独一无二的创新精神，勇于进取，绝不自损、自贬，在学习生活中勇于独立思考，在日常生活中善于注入创意，在职业生活中精于自主创新，正是能够从自我囚禁的"栅栏"里走出来的鲜明标志。形成创造力自囚的"栅栏"，通常有其内在的原因，是由于思维的知觉性障碍、判断力障碍以及常规思维的惯性障碍所导致的。知觉是接受信息的通道，知觉的领域狭窄，通道自然受阻，创造力也就无从激发。这条通道要保持通畅，才能使信息流丰盈、多样，使新信息、新知识的获得成为可能，使得信息检索能力得到锻炼，不断增长其敏锐的接收能力、详略适度的筛选能力和信息精化的提炼能力，这是形成创新心态的重要前提。判断性障碍大多产生于心理偏见和观念偏离。要使判断恢复客观，首先需要矫正心理视觉，使之采取开放的态度，注意事物自身的特性而不囿于固有的见解或观念。这在新事物迅猛增殖、新知识快速增加的当今时代，尤其值得重视。

要从自囚的"栅栏"走出来，还创造力以自由，首先就要还思维状态以自由，突破常规思维。在此基础上，对日常生活保持开放的、积极的心态，对创新世界的人与事，持平视的、平等的姿态，对创造活动，持成败皆为收获、过程才最重要的精神状态，这样，我们将有望形成十分有利于创新生涯的心理品质，并且及时克服内在消极因素。

成功的人往往是一些不那么"安分守己"的人，他们绝对不会因取得一些小小的成绩而沾沾自喜，获得一点小成功就停下继续前行的脚步。因此，只有突破旧我，才能获得又一次的蜕变，

人生才会呈现更好的局面。

　　一位雕塑家有一个12岁的儿子。儿子要爸爸给他做几件玩具，雕塑家只是慈祥地笑笑，说："你自己不能动手试试吗？"

　　为了制好自己的玩具，孩子开始注意父亲的工作，常常站在大台边观看父亲运用各种工具，然后模仿着运用于玩具制作。父亲也从来不向他讲解什么，放任自流。

　　一年后，孩子初步掌握了一些制作方法，玩具造得颇像个样子。这样，父亲偶尔会指点一二。但孩子脾气倔，从来不将父亲的话当回事，我行我素，自得其乐。父亲也不生气。

又一年，孩子的技艺显著提高，可以随心所欲地摆弄出各种人和动物形状。孩子常常将自己的"杰作"展示给别人看，引来诸多夸赞。但雕塑家总是淡淡地笑，并不在乎。

有一天，孩子存放在工作室的玩具全部不翼而飞，父亲说："昨夜可能有小偷来过。"孩子没办法，只得重新制作。

半年后，工作室再次被盗。又半年，工作室又失窃了。孩子有些怀疑是父亲在捣鬼：为什么从不见父亲为失窃而吃惊、防范呢？

一天夜晚，儿子夜里没睡着，见工作室灯亮着，便溜到窗边窥视，只见父亲背着手，在雕塑作品前踱步、观看。好一会儿，父亲仿佛做出某种决定，一转身，拾起斧子，将自己大部分作品打得稀巴烂！接着，父亲将这些碎土块堆到一起，放上水重新混合成泥巴。孩子疑惑地站在窗外。这时，他又看见父亲走到他的那批小玩具前！父亲拿起每件玩具端详片刻，然后，将儿子所有的自制玩具扔到泥堆里搅和起来！当父亲回头的时候，儿子已站在他身后，瞪着愤怒的眼睛。父亲有些羞愧，吞吞吐吐道："我，是，哦，是因为，只有砸烂较差的，我们才能创造更好的。"

10年之后，父亲和儿子的作品多次同获国内外大奖。

父亲不愧是位雕塑家，他不但深谙雕塑艺术品的精髓，更懂得如何雕塑儿子的"灵魂"。每一个渴望成功的人都必须谨记：只有不断突破自我，超越以往，你才能开创出更美好、更辉煌的人生来。

甩掉"金科玉律"的束缚

很多所谓的金科玉律，只是些陈见和偏见罢了。谁信奉它，谁就会受制于它。

我们从小就会被教导不能做这，不能做那，久而久之就形成了一种固定的观念。这些观念成为了我们行走社会的"金科玉律"，它们让我们少受挫折的同时，也常常阻碍着我们去开拓新的人生格局。这些观念禁锢着我们的大脑，侵蚀着我们的潜能。因此，要改变命运，我们就得先从改变观念开始。

大家都记得这句金科玉律："想要别人怎样对待你，就先怎样对待别人。"这可能是一句大家从小就学到，且会拿来教导孩子的至理名言。

遗憾的是，若把这句名言应用到组织问题上，问题可就大了。

这句金科玉律的假定是，你喜欢的对待方式会跟其他人喜欢的对待方式一样。这就是"先怎样对待别人"的立论。把这种观点应用在解决组织问题时，就等于是说在协调冲突、决策和搜集信息上，你会跟大家的看法一致。

很多人把这句名言当成个人生活的策略。我们也这样处理周遭发生的事。但把这句名言当成策略，很可能会陷入本位主义的泥潭。因为这句名言假定，自己的看法就是他人的看法。因此，自己所想的，就是适当、正确的。如果你就是在这种金科玉律教导下长大的，难免会养成这种思考逻辑。不过，如果你以不同的观点思考，就能开启许多前所未有的成功之门。

我们被自己对世界的偏见所蒙蔽，看不到个人见解的可笑和荒谬。这种狭隘的观念，直接影响了我们在处理变革引发的差异时，采取的决策和行动。

如果你认为所有看待事情的观点是绝不相同的，那在处理变革差异的冲突及协商决策时，会相当危险。尤其在一意孤行地盲从自己的观点，不考虑他人时，情况便会更危险。

要真正有效处理变革所引起的差异，就得具备求同存异的能力，适时从别人的观点和立场来看事情。要这么做就必须把先前的金科玉律改变一下，换成新版的："以别人想被对待的方式对待他们。"其实，只要观念上稍微调整一下，变革的成效就有天壤之别。

在我们生活的世界中，存在着各种各样的"应该""必须"等条条框框，它们编织了一个很大的误区，将现实生活中的人们网罗其中，而我们很多人往往习以为常、不假思索地照"章"行事。

我们每个人都生活在一个社会群体中，因此，我们不可能是一个完全孤立的个体，我们的思想和行为可能时时受到世俗的约束与制约。对于这些规则和方针，你也许不以为然，但同时又无法摆脱束缚，无法确定自己应该遵循哪些适用的规则和方针。

任何事物都不是绝对的。任何规则或法律都不能保证在各种场合均能适用，或取得最佳效果。相比之下，具体情况具体分析的原则应成为我们生活和行事的准则。然而，你可能会发现，违反一条不适用的规定或打破一种荒谬的传统却很困难，甚至不可能。顺应社会潮流有时的确不失为一种生存的手段，然而如果走向极端，这也会成为一种神经过敏症。在某些情况下，按条条框框办事甚至会使你情绪低落、忧心忡忡。

林肯曾经说过："我从来不为自己确定永远适用的政策。我只是在每一具体时刻争取做最合乎情理的事情。"他没有使自己成为某项具体政策的奴隶，即使对于普遍性政策，他也并不强求在各种情况下都加以实施。

如果一种规定或规矩妨碍着人们的精神健康，阻碍着人们去积极生活，它就是不健康的。如果你知道这种规矩是消极而令人讨厌的，而你又一直遵守规矩，那你就陷入了人生的另一种误区——你放弃了自我选择的自由，让外界因素控制了自己。生活中有两种类型的人，即外界控制型与内在控制型。认真分析一下自己属于哪种类型，这将有助于你进一步审视自己生活中的大量误区性条条框框。

杰克是一位公司员工，他经常与妻子在家争吵，以至于产生婚姻危机。后来，他找到一位心理咨询专家，听了杰克的诉说后，专家给他提出了一条建议："不要总是试图向你妻子表明她错了，你不妨只同她讨论而不去辩明谁对谁错。只要你不再强求她接受你的意见，你也就不必自寻烦恼，不必为证实自己是正确的而无休止地争吵了。"后来，杰克试着做了，果然很奏效。一旦遇到相反的观点和看法，他不再与妻子争论不休，要么与之讨论，要么回避不谈。一段时间以后，夫妻关系明显得到了改善。

其实，各种是非观念都代表着一种"应该"框框。这些条条框框会妨碍你，当你的条条框框与他人发生冲突时，尤其如此。在我们的生活中不乏一些优柔寡断之人，他们无论大事还是小事都难以做出决定。究其原因，人们之所以优柔寡断，因为他们总希望做出正确的选择，他们以为通过推迟选择便可以避免犯错误，从而避免忧虑。有一位患者去求助心理医生，当医生问他是否很难做出决定时，他回答道："嗯……这很难说。"

你或许觉得自己在很多事情上也难以做出决定，甚至在小事上也是如此。这是习惯于以是非标准衡量事物的直接后果。如果当你要做出某些决定时，能抛开一些僵化的是非观念，而不顾忌什么是是非非，你将轻而易举地做出自己的决定。如果你在报考大学时竭力要做出正确的选择，则很可能不知所措，即使做出决定后，也还会担心自己的选择可能是错误的。因此，你可以这样改变自己的思维方法："所谓最好、最合适的大学是不存在的，每一所大学都有其利与弊。"这种选择谈不上对与错，仅仅是各有不同而已。

衡量是否更适合生活的标准并不在于能否做出正确的选择。你在做出选择之后，控制情感的能力则更为明确地反映出自我抑制能力，因为一种所谓正确的标准包含着我们前面谈到的"条条框框"，而你应当努力打破这些条条框框。这里提出的新的思维方法将在两个方面对你有所帮助：一方面，你将完全摆脱那些毫无意义的"应该"标准；另一方面，在消除了是非观念误区之后，你便能够更加果断地做出各种决定。

生活是不断变化的，观念也要不断地更新。无数的事实告诉我们，成功的喜悦总是属于那些思路常新、不落俗套的人。因此，想别人所不敢想，做别人所不敢做，往往会为我们创造意想不到的机遇。

换一个角度，换一片天地

很多情况下，制造痛苦的并非事件本身，而是我们自己。

有一位哲人曾经说过："我们的痛苦不是问题的本身带来的，而是由于我们对这些问题的看法而产生的。"这句话很经典，它引导我们学会解脱，而解脱的最好方式是面对不同的情况，用不同的思路去多角度地分析问题。因为事物都是有多面性的，视角不同，所得的结果就不同。

有时候，人只要稍微改变一下思路，人生的前景、工作的效率就会大为改观。

当人们遇到挫折的时候，往往会这样鼓励自己："坚持就是胜利。"有时候，这会让我们陷入一种误区：一意孤行，不撞南墙不回头。因此，当我们的努力迟迟得不到结果的时候，就要学会放弃，要学会改变一下思路。其实细想一下，适时地放弃不也是人生的一种大智慧吗？改变一下方向又有什么难的呢？

一位中国商人在谈到卖豆子时，显示出了一种了不起的激情和智慧。

他说：如果豆子卖得动，直接赚钱好了。如果豆子滞销，分三种办法处理：

第一，将豆干沤成豆瓣，卖豆瓣。

如果豆瓣卖不动，腌了，卖豆豉；如果豆豉还卖不动，加水发酵，改卖酱油。

第二，将豆子做成豆腐，卖豆腐。

如果豆腐不小心做硬了，改卖豆腐干；如果豆腐不小心做稀了，改卖豆腐花；如果实在太稀了，改卖豆浆。如果豆腐卖不动，放几天，改卖臭豆腐；如果还卖不动，让它长毛彻底腐烂后，改卖腐乳。

第三，让豆子发芽，改卖豆芽。

如果豆芽还滞销，再让它长大点，改卖豆苗；如果豆苗还卖不动，再让它长大点，干脆当盆栽卖，命名为"豆蔻年华"，到城市里的各间大中小学门口摆摊和到白领公寓区开产品发布会，记住这次卖的是文化而非食品。如果还卖不动，建议拿到适当的闹市区进行一次行为艺术创作，题目是"豆蔻年华的枯萎"，记住以旁观者身份给各个报社写个报道，如成功可用豆子的代价迅速成为行为艺术家，并完成另一种意义上的资本回收，同时还可以拿点报道稿费。如果行为艺术没人看，报道稿费也拿不到，赶紧找块地，把豆苗种下去，灌溉施肥，3个月后，收成豆子，再拿去卖。

如上所述，循环一次。经过若干次循环，即使没赚到钱，豆子的囤积相信不是问题，那时候，想卖豆子就卖豆子，想做豆腐就做豆腐！

换个思路，换个角度，变通一下，总会有新的方向和市场。一条路走到黑只会是头破血流，不妨绕道而行，自己的状况也会取得突破。

对于每个人来说，思维定式使头脑忽略了定式之外的事物和观念。而根据社会学、心理学和脑科学的研究成果来看，思维定式似乎是难以避免的。不过经实验证明，人类通过科学的训练还是能够从一定程度上削弱思维定式的强度的，那么，这种训练方法是什么呢？答案是：尽可能多地增加头脑中的思维视角，拓展思维的空间。

美国创造学家奥斯本是"头脑风暴法"的发明人。为了促使人们大胆进行创造性想象、提出更多的创造性设想，奥斯本提出著名的思想原则，以激励人们形成"激烈涌现、自由奔放"的创造性风格。

1.自由畅想原则

指思维不受限制，将已有的知识、规则、常识等种种限定都打破，使思维自由驰骋。破除常规，使心灵保持自由的状态，对于创造性想象是至关重要的。

例如，从事机械行业的人习惯于用车床切割金属。在车床上直接切割部件的是车刀，它当然要比被切割的金属坚硬。那么，切割世界上已知最硬的东西该怎么办呢？显然无法制出更硬的车刀，于是，善于进行自由畅想的技师发明了电焊切割技术。

2.延迟评判原则

指在创造性设想阶段，避免任何打断创造性构思过程的判断和评价。日本一家企业的管理者在给下属布置任务时指出：只要是有关业务的合理性建议，一律欢迎，不管多么可笑，想说就说出来。但他强调，绝不允许批评别人的建议。虽然开始大家有些拘谨，但后来气氛越来越活跃。结果，征集到了100多条合理性建议，企业的发展因此出现了大幅度的飞跃。

3.数量保障质量原则

指在有限的时间内，提出一定的数量要求，会给设想的人造成心理上的适当压力，往往会减少因为评判、害怕而造成的分心，从而提出更多的创造性设想。在实践中，奥斯本发现，创造性设想提的越多，有价值的、独特的创造性设想也越多，创造性设想的数量与创造性设想的质量之间是有联系的。数量保障质量原则就是利用了这一规律。

4.综合完善原则

指对于提出的大量的不完善的创造性设想，要进行综合和进一步加工完善的工作，以使创造性设想更加完善和能够实施。

奥斯本的四项原则，虽然是用于小组创造活动的，但是，这四条原则保障创造性设想过程能够顺利进行，因此，对于个人进行创造性思维启发是巨大的。

要解决一切困难是一个美丽的梦想，但任何一个困难都是可以解决的。一个问题就是一个矛盾的存在，只要在矛盾之中，尝试着拓展思路去看问题，寻找到一个合适的矛盾介点，就可以迎来一个柳暗花明的新局面。

别让"约拿情结"毁了你

"约拿情结"的典故出自《圣经》，高度概括了人的一种状态。人渴望成功又害怕面对成功，内心一直在积极与消极的两端徘徊。其实，这种心理迷茫状态来源于内心深处的恐惧感，而这种深层的恐惧心理，也成了人生最严重的致命伤。

约拿是《圣经》中的人物。据说上帝要约拿到尼尼微城去传话，这本是一种崇高的使命和荣誉，也是约拿平素所向往的。但一旦理想成为现实，他又感到一种畏惧，觉得自己不行，想回避即将到来的成功，想推却突然降临的荣誉。这种在成功面前的畏惧心理，心理学家们称之为"约拿情结"。

约拿情结是一种普遍的心理现象。我们想取得成功，但成功以后，又总是伴随着一种心理迷茫。我们既自信，又自卑，我们既对杰出人物感到敬仰，又总是心怀一种敌意。我们敬佩最终取得成功的人，而对成功者，又怀有一种不安、焦虑、慌乱和嫉妒。我们既害怕自己最低的可能性，又害怕自己最高的可能性。

说到底，"约拿情结"是一种内心深层次的恐惧感。这种恐惧感往往会破坏一个人的正常能力。

恐惧使创新精神陷于麻木；恐惧毁灭自信，导致优柔寡断；恐惧使我们动摇，不敢做任何事情；恐惧还使我们怀疑和犹豫。恐惧是能力上的一个大漏洞，而事实上，有许多人把他们一半以上的宝贵精力浪费在毫无益处的恐惧和焦虑上面了。

恐惧虽然阻碍着人们力量的发挥和生活质量的提高，但它并非不可战胜。只要人们能够积极地行动起来，在行动中有意识地纠正自己的恐惧心理，那它就不会再成为我们的威胁。

勇敢的思想和坚定的信念是治疗恐惧的天然药物，勇敢和信心能够中和恐惧，如同在酸溶液里加一点碱，就可以破坏酸的腐蚀力一样。

对此，我们不妨多加了解一下。

有一个文艺作家对创作抱着极大的野心，期望自己成为大文豪。美梦未成真前，他说："因为心存恐惧，我眼看一天过去了，一星期、一年也过去了，仍然不敢轻易下笔。"

另有一位作家说："我很注意如何使我的心力有技巧、有效率地发挥。在没有一点灵感时，也要坐在书桌前奋笔疾书，像机器一样不停地动笔。不管写出的句子如何杂乱无章，只要手在动就好了，因为手到能带动心到，从而慢慢地将文思引出来。"

　　初学游泳的人，站在高高的水池边要往下跳时，都会心生恐惧。如果壮大胆子，勇敢地跳下去，恐惧感就会慢慢消失，反复练习后，恐惧心理就不复存在了。

　　倘若很神经质地怀着完美主义的想法，进步的速度会受到限制。如果一个人恐惧时总是这样想："等到没有恐惧心理时再来跳水吧，我得先把害怕退缩的心态赶走才可以。"这样做的结果往往是把精神全浪费在消除恐惧感上了。

　　这样做的人一定会失败，为什么呢？人类心生恐惧是自然现象，只有亲身行动才能将恐惧之心消除。不实际体验，只是坐待恐惧之心离你远去，自然是徒劳无功的事。

　　在不安、恐惧的心态下仍勇于作为，是克服神经紧张的处方，它能使人在行动之中，获得活泼与生气，渐渐忘却恐惧心理。只要不畏缩，有了初步行动，就能带动第二、第三次的出发，如此一来，心理与行动都会渐渐走上正确的轨道。

今天得过且过，将来一生无成

有的人想做大事，却漫无目标，得过且过。这样的人肯定会有很多局限性而无法超越自我，难有大的突破和进展。实际上，凡是有"得过且过"心态的人，无不是给自己立了一堵墙，并陶然忘我地在围墙之内沉醉。殊不知，这俨然是在耗费生命。

在古希腊，有两个同村的人，为了比高低，打赌看谁走得离家最远。于是，他们同时却不同道地骑着马出发了。

一个人走了 13 天之后，心想："我还是停下来吧，因为我已经走了很远了。他肯定没有我走得远。"于是，他停了下来，休息了几天，调转马头返回家乡，重新开始他的农耕生活。

而另外一个人走了 7 年，却没回来，人们都以为这个傻瓜为了一场没有必要的打赌而丢了性命。

有一天，一支浩浩荡荡的队伍向村里开来，村里的人不知发生了什么大事。当队伍临近时，村里有人惊喜地叫道："那不是克尔威逊吗？"消失了 7 年的克尔威逊已经成了军中统帅。

他下马后，向村里人致意，然后说："鲁尔呢？我要谢谢他，因为那个打赌让我有了今天。"鲁尔羞愧地说："祝贺你，好伙伴。我至今还是农夫！"

暂时满足的心态只能使你次人一等。生活中有多少人都是这样成为次人一等者的啊！

　　一个有生气、有计划、克服消极心态的人，一定会不辞任何劳苦，坚持不懈地向前迈进，他们从来不会想到"将就过"这样的话。有些人常常对他人说："得过且过，过一把瘾吧！""只要不饿肚子就行了！""只要不被撤职就够了！"这种青年无异于承认自己没有生机。他们简直已经脱离了世人的生活，至于"克服消极心态"那更是想也不必想了。

　　打起精神来！它虽然未必能够使你立刻有所收获，或得到物质上的安慰，但它能够充实你的生活，使你获得无限的乐趣，这是千真万确的。

　　无论你做什么事，打不起精神来就不能克服消极心态。你必须全神贯注，竭尽所有的精力去做它，务必使你每天都有显著的克服消极心态的进步，因为我们每天从事的工作都可以训练和增强我们克服消极心态的能力。一个人如能打定如此坚决的主意，那他的收获一定不会是仅够"填饱肚子"的。

　　那些克服消极心态而成就的大事，绝非仅欲"填饱肚子"以及做事"得过且过"的人所能完成的，只有那些意志坚决、不辞辛苦、十分热心的人才能完成这些事业。

　　在美国西部，有个天然的大洞穴，它的美丽和壮观出乎人们的想象。但是这个大洞穴一直没有被人发现，没有人知道它的存在，因此它的美丽也等于不存在。有一天，一个牧童偶然发现洞穴的入口，从此，新墨西哥州的绿巴洞穴成为世界闻名的胜地。

科学研究表明，我们每个人都有 140 亿个脑细胞，而一个人只利用了肉体和心智能源的极小部分。若与人的潜力相比，我们只处于半醒状态，还有许多未发现的"绿巴洞穴"。正如美国诗人惠特曼诗中所说：

我，我要比我想象的更大、更美

在我的，在我的体内

我竟不知道包含这么多美丽

这么多动人之处……

人是万物的灵长，是宇宙的精华，我们每个人都具有光扬生命的本能。为"生命本能"效力的就是人体内的创造机能，它能创造人间的奇迹，也能创造一个最好的你。

我们每个人心里都有一幅"心理蓝图"或一幅自画像，有人称它为"自我心像"。自我心像有如电脑程序，直接影响它的运作结果。如果你的心像想的是做最好的你，那么你就会在你内心的"荧光屏"上看到一个踌躇满志、不断进取的自我。同时，还会经常听到"我做得很好，我以后还会做得更好"之类的信息，这样你注定会成为一个最好的你。美国哲学家爱默生说："人的一生正如他一天中所设想的那样，你怎样想象，怎样期待，就有怎样的人生。"美国赫赫有名的钢铁大王安德鲁·卡内基就是一个能充分发挥自己创造机能的楷模。他 12 岁时由苏格兰移居美国，最初在一家纺织厂当工人，当时，他的目标是决心"做全工厂最出色的工人"。因为他经常这样想，也是这样做的，最后果真成为全工厂最优秀的工人。后来命运又安排他当邮递员，他想的是怎样"做全美最杰出的邮递员"。结果他的这一目标也实现了。他的一生总是根据自己所处的环境和地位塑造最佳的自己，他的座右铭就是："做一个最好的自己。"

人生不设限，唤醒心中的巨人

人的悲哀不在于他们不去努力，而在于他们总爱给自己设定许多的条条框框，这种条框无意之间限制了他们想象的空间，以及创造的潜能和奋进的范围。看似一天到晚在忙碌，实际上自己已经套上了可怕的"金箍罩"，最终注定碌碌无为。

科学家曾做过一个有趣的实验：

他们把跳蚤放在桌上，一拍桌子，跳蚤立即跳起，跳起高度均在其身高的 100 倍以上，堪称世界上跳得最高的动物。然后他们在跳蚤头上罩一个玻璃罩，再让它跳。第一次跳蚤就碰到了玻璃罩，连续多次碰壁后，跳蚤改变了起跳高度以适应环境，每次跳跃高度总保持在罩顶以下。接下来，科学家逐渐改变玻璃罩的高度，这使跳蚤每次都在碰壁后主动改变跳跃的高度。最后，玻璃罩接近桌面，这时跳蚤已无法再跳了。于是，科学家把玻璃罩打开，再拍桌子，跳蚤仍然不会跳，变成"爬蚤"了。

跳蚤变成"爬蚤"，并非是它已丧失了跳跃的能力，而是一次次的受挫使它学乖了，习惯了，麻木了。最可悲之处在于，实际上玻璃罩已经不存在了，它却连"再试一次"的念头都没有了。玻璃罩已经罩在了它的潜意识里，罩在了它的心灵上。行动的欲望和潜能被自己扼杀了！科学家把这种现象叫作"自我设限"。

"自我设限"是人生的最大障碍，如果想突破它，我们就必须不怕碰壁。这时我们就用得着"饥渴精神"了。如果那只跳蚤永远想着"外面有美味可以填饱肚子"，那它就永远都不会放弃跳跃，除非生命终结。

无独有偶。自然科学家法布尔也曾利用毛毛虫做过一次很不寻常的试验。这些毛毛虫总是盲目地跟着前面的毛毛虫走，所以它们又叫游行毛毛虫。法布尔很小心地安排，使它们围着花瓶的边缘走成一个圆圈。花瓶的旁边则放了一些松针，这是毛毛虫喜欢的食物。毛毛虫开始绕着花瓶走，它们一圈又一圈地走，一连7天7夜，一直围着花瓶团团转。最后，终于因饥饿与筋疲力尽而死去。在不到6寸远的地方就有很丰富的食物，而它们却饥饿而死，因为它们把活动与成就弄混了。

许多人像毛毛虫一样，放弃主宰自己的生命和命运，按别人的意愿过日子，却不能够自主地生活。这种人最突出特点就是盲从，他们没有目标，就像一艘没有舵的船，永远漂流不定，所以只会到达失望、失败和丧气的海滩。

许多人犯了毛毛虫所犯的错误，结果只从丰富的生活中获得了很小的一部分。他们跟着大家绕圈子，根本不到别的地方去。

他们遵循既定的方法与步骤,没有别的理由,因为"大家都那样做"和"大家都认为应该那样做"。其实,深究起来,这两个小实验的结果揭示了极为深刻的寓意。常人的悲哀不在于他们不去努力,而在于他们总爱给自己设定许多条条框框,这种条框无意之间限制了他们的想象空间,以及创造的潜能和奋进的范围。看似一天到晚在忙碌,实际上自己已经套上了可怕的"金箍罩",注定碌碌无为。

敢于打破自我设定的障碍,多一点超越,少一点盲从,世界会不一样。

任何人都应该有这样一种抱负,那就是在生命中做一些独特的、带有个人特征的事情,从而使自己免于平庸和世俗,并使自己远离毫无目标、无精打采的生活。最理想的抱负就是植根于现实土壤的切实目标，在自身能力范围之内尽可能地追求卓越。

所以说，真正需要唤醒的是你自己，我们每个人都应当尽可能地挖掘自身的潜能，激发自己的雄心壮志。

很多时候，某些我们极其敬仰的人给予我们的信任和鼓励，或者是当有些人对我们表示怀疑时另一些人却毫不犹豫地对我们的才能表示肯定，都可能激发起我们的雄心，并使我们在一瞬间看到无穷的机会。或许在当时我们并没有对此给予太多的关注，但是，它很可能成为我们职业生涯中的一个转折点。

在生活中，无数的人在阅读一本激励人心的书或一篇感人至深的励志美文时，突然感到灵光一闪，蓦地发现了一个崭新的自我。如果没有这样的一些书或文章，他们可能会永远对自身的真实能力懵懂无知。任何能够使我们真正认识自己，能够唤醒我们的全部潜能的东西都是无价之宝。

问题在于，我们中的绝大多数人从来没有被唤醒过，或者是直到生命的晚年才真正认识自身的能力，但是为时已晚，很难有大的作为了。因此，在我们年轻时就应当对自身的潜能有一个清醒的认识，唯其如此，我们才可能有效地发掘生命的潜力，从而最大程度地实现自我的价值。

大多数人在撒手人寰时，还有相当大的一部分潜能根本就没有被开发。他们只使用了自身能力中很小的一部分，而其他更珍贵的财富却白白地闲置在那儿，原封未动。

因此，最大化地开发一个人的潜能，已成为每个人一生要面对的重要命题。那么如何才能做到让潜能淋漓尽致地得以开发出来呢？其实，潜能开发的途径有许多，但从成功学的角度而言，主要有4个方面，即"诱、逼、练、学"。

"诱"就是引导

寻求更大领域、更高层次的发展，是人生命意识中的根本需求。"这山望着那山高""喜新厌旧"是人的本性。因此，具有主体自觉意识的自我，有理性的自我，是绝不愿意停留在任何一种狭小的、有限的状态之中的，而是总想不断开拓以取得更大的发展，从而更好地生存的。这种炽热的、旺盛的发展需要，是渴望成功的表现，是潜能蓄势待发的前兆。只要对这种发展意识给予有益的暗示、引发、规划和培育，就能很好地激发并释放潜能。

"逼"就是逼迫

人是一个复杂的矛盾体，既有求发展的需要，又有安于现状、得过且过的惰性。能够卧薪尝胆、自我警醒的人少之又少，更多的人需要的是鞭策和当头棒喝式的促动，而"逼"就是"最自然"的好办法。人们常说的"压力就是动力"，就是这个意思。

因此，被逼不是"无奈"，被逼是福。

要么你是被"看得起"委以重托，要么是有好运气，否则别人不会"逼"到你的头上来。

被逼，心态就会改变；被逼，就会有明确的目标；被逼，就会分清轻重缓急，抓紧时间；被逼，就会马上行动。不寻求突破，不创新，就休想跨过这道坎。于是潜能在一逼之下因迅速集聚而爆发，如同核聚变。

逼自己，就是战胜自己，必须比过去的自己更好；逼自己，就是超越竞争，必须比别人更好。别人想不到的，我要想到；别人不敢想的，我敢想；别人不敢做的，我来做；别人认为做不到的，我一定要做到。潜能的力量是巨大的！

人的潜能也遵循着"马太效应"，越开发，越使用，就越多越强。

生命力是从压力中体现出来的。生命力就是创新能力，就是创造力，就是人的潜能，也就是竞争力。

"练"就是练习

此处特指专家为开发人的潜能而专门设计的练习、题目、测验、训练，如脑筋急转弯、一分钟推理等，多做有益。另外还包括"潜意识理论与暗示技术""自我形象理论与观想技术""成功原则和光明技术""情商理论与放松入静技术"等。

"学"就是学习

学习绝对是增加潜能基本储量及促使潜能发挥的最佳方法。知识丰富必然联想丰富，而智力水平则取决于神经元之间信息联接的广度和信息量。

如果没有得到奇迹，就成为一个奇迹

正是我们今天的思考和努力，预知和把握着未来的蓝图。一切皆有可能，只要敢于冲破思想的樊篱。

昨天的努力，今天的奋斗，都是为了赢得明天的辉煌。明天是未知的，是不可猜测的，但我们却可以利用超前思维预知和把握未来。综观无数成功案例，杰出人士就是靠超前思维拨开了现实的层层迷雾，突破了发展道路上的重重障碍，最终看到了胜利的曙光。

思想超前，用中国一句古话来形容就是未雨绸缪，以长远的眼光，对未来早做谋划。思想超前的人，能够洞悉种种隐匿未现的机遇，从而早做准备，果断出击，实现"无中生有"的目标。

要走无中生有的路，就要运用超前思维以"见人所未见""为人所未为"。套用鲁迅名言："无路处本来就是创新的路。"要走无中生有的路，就要有魄力、有决心、有方法，搭别人的车走自己的路，或借用别人的路，行自己的车；要走无中生有的路，还要有很高的心理素质。

创新意味着机会，同时也意味着风险。要走无中生有的路，要想做出无米之炊，没有点胆量、气魄是万万不能的，因此，谁要想走出人所未走之路，谁要想成人所未成之功，谁就要不畏惧失败，要勇于承受风险。

威尔士是美国东北部哈特福德城的一位牙科医生，是西方世界医学领域对人体进行麻醉手术的最早试验者。在威尔士以前，西方医学界还没有找到麻醉人体之法，外科手术都是在极残酷的情况下进行的。

后来，在英国化学家戴维发现笑气（氧化亚氮）以后，1844

年，美国化学家考尔顿考察了笑气对人体的作用，带着笑气到各地做旅行演讲，并做笑气"催眠"的示范表演。这天他来到美国东北部哈特福特城进行表演，不想在表演中发生了意外。那是在表演者吸入笑气之后，由于开始的兴奋作用，病人突然从半昏睡中一跃而起，神志错乱地大叫大闹着，从围栏上跳出去追逐观众。在追逐中，由于他神志错乱，动作混乱，大腿根部一下子被围栏划破了个大口子，鲜血涌泉般地流淌不止，在他走过的地上留下一道殷红的血印。围观的观众早被表演者的神经错乱所惊呆，这时又见表演者不顾伤痛向他们追来，更是惊吓不已，都惊叫着向四周奔去，表演就这样匆匆收了场。

这场表演虽结束了，但表演者在追逐观众时腿部受伤而丝毫没有疼痛的现象，却给现场的牙科医生威尔士留下了非常深刻的印象。于是他立即开始了对氧化亚氮的麻醉作用进行实验研究。

1845年1月，威尔士在实验成功之后，来到波士顿一家医院公开进行无痛拔牙表演。表演开始，威尔士先让病人吸入氧化亚氮，使病人进入昏迷状态，随后便做起了拔牙手术。但不巧，由于病人吸入氧化亚氮气体不足，麻醉程度不够，威尔士的钳子夹住病人的牙齿刚刚往外一拔，便疼得那位病人"啊呀"一声大叫起来。众人见之先是一惊，随之都对威尔士投去轻蔑的眼光，指责他是个骗子，把他赶出了医院。

威尔士表演失败了，他的精神也崩溃了。他转而认为手术疼痛是"神的意志"，于是他放弃了对麻醉药物的研究。

可是他的助手摩顿与其不同，摩顿开始了自己的探索。1846年 10 月，摩顿在威尔士表演失败的波士顿医院当众再做麻醉手术实验。结果在众目睽睽之下，他获得了成功。

"无中生有"是需要气魄、胆识和毅力的，在"无中生有"的创新之路上，往往有失败和风险同行。成功属于能够不畏艰险，善于从失败中汲取经验并坚持到底的人。

失败往往是促进进步、产生创新的良方。一次失利并不等于最终失败，惧怕失败而不敢创新的人，就如同害怕跌倒而停步不前的人。要开辟一条"无中生有"的创新之路，首先得准备接受失败的打击，把它看作成功创新的必经之路。

打破常规，自己订立游戏规则

规则不是不能改变的。运用自己的智慧，自己订立游戏规则，你就能掌握命运的主动权。

我们生活在一个充满了规则的世界，做任何事都必须遵守规则。规则保证了世界秩序的有效运转，但另一方面它也限制了人发挥他的能力。

很多人墨守成规，虽然也能解决问题，但是往往缺乏效率与新意。而打破常规，我们以各种角度来看待问题，这样就能更容易地抓住问题的关键，并据此订立新的规则，有针对性地解决问题。这种解决问题的方式既有效率，又有新意。

在一次企业管理培训班上，培训师要求大家做一个游戏。十几个学员平均分为两队，要把放在地上的两串钥匙捡起来，从队首传到队尾。规则是必须按照顺序，并使钥匙接触到每个人的手。比赛开始并计时后，两队的第一反应都是按老师做过的示范：捡起一串，传递完毕，再传另一串。结果都用了15秒左右。

老师说："动动脑筋，时间还可以再减半。"一个队先"悟"到了，把两串钥匙拴在一起同时传，这次只用了5秒钟。老师说："时间还可以再减半，你们还有潜力可挖！"怎么可能？学员们很不自信。这时场外没参加游戏的人急忙提醒道："只是要求按顺序从手上经过，不一定非得传呀！"一个队明白了，完全抛开了传递方式，开始飞快地把手扣成圆桶状，摞在一起，形成一个通道，让钥匙像自由落体一样从上落下，这样的方法既按了顺序，同时也接触了每个人的手。时间是0.5秒，随即欢呼声起。

从这个例子可以看出，遵守常规会形成思维定式，要提高效率就要寻找新方法，要获得成功就需要自己订立游戏规则。

有个小村庄，村里除了雨水没有任何水源，为了解决这个难题，村里的人决定对外签订一份送水合同，以便每天都能有人把水送到村子里。村子里有两个年轻人小李和小张非常愿意接受这份工作，于是村里把合同同时给了他们。

签订合同后，小李立刻行动起来。他每日在十里外的湖泊和村庄之间奔波，用两只大桶从湖中打水运回村庄，倒在由村民们修建的一个结实的大蓄水池中。每天清晨他都必须起得比其他村民早，以便当村民需要用水时，蓄水池中已有足够的水供他们使用。由于起早贪黑地工作，小李很快就开始赚钱了。即使这是一项相当艰苦的工作，但是小李非常高兴，因为他能不断地赚钱，并且他对能够拥有两份合同中的一份感到特别满意。

而小张呢？自从签订合同后他就消失了，几个月来，人们一直没有看见过小张。这令小李兴奋不已，由于没人与他竞争，他赚到了所有的水钱。小张干什么去了？他做了一份详细的商业计划书，并凭借这份计划书找到了4位投资者，和自己一起开了一家公司。6个月后，小张带着一个施工队和一笔投资回到了村庄。花了整整一年的时间，小张的施工队修建了一条从村庄通往湖泊的大容量的不锈钢管道。

后来，其他有类似环境的村庄也需要水。小张重新制订了他的商业计划，开始向全国甚至全世界的村庄推销他的快速、低成本、大容量并且卫生的送水系统，每送出一桶水他只赚1角钱，但是每天他能送几十万桶水。无论他是否工作，无数的村庄每天都要消费这几十万桶水，而所有的这些钱便都流入了小张的银行账户中。显然，小张不但开发了使水流向村庄的管道，而且还开发了一个使钱流向自己的钱包的管道。从此，小张幸福地生活着。而小李在他的余生里仍拼命地工作，最终还是陷入了"永久"的财务问题中。

和小李一样，在工作中，有的人会发现，自己付出的辛勤汗水并不比别人少，但效果却总比别人差。究其原因，主要是方法的问题。在工作中，我们要注意做事的方法，培养自己打破常规的思维习惯。因为要想培养聪明巧干的能力，必须从思维方式方面着手。如果一直局限于一种思维方式，即便它过去总是给你带来成功，但也许有一天它就会导致你的"滑铁卢"。

著名的心算家米尼苏·弗拉德曼从来没有失算过。

这一天他做表演时，有人上台给他出了道题："一辆载着283名旅客的火车驶进车站，有87人下车，65人上车；下一站又下去49人，上来112人；再下一站又下去37人，上来96人；再再下站又下去74人，上来69人；再再再下一站又下去17人，上来23人……"

那人刚说完，心算大师便不屑地答道："小儿科！告诉你，火车上一共还有——"

"不，"那人拦住他说，"我是请您算出火车一共停了多少站。"

米尼苏·弗拉德曼呆住了，这组简单的加减法成了他的"滑铁卢"。

无数事实证明，伟大的创造、天才的发现，都是从打破常规开始的。只有打破常规，你才能订立自己的游戏规则，在人生的舞台上做出自己最精彩的表演。

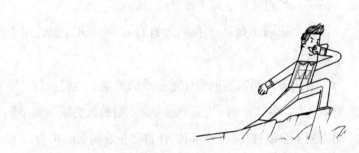

_____ PART 3

优秀还不够，你最好无可替代

——35 岁前，你一定要形成自己的撒手锏

"个人品牌"让你更具竞争力

每个商品都有自己的品牌，去商场买东西，我们宁可多花钱也要品牌商品。就是因为品牌商品有品质的保障。在职场，我们也要打造个人品牌，你的名字就是你的个人品牌。一旦拥有了个人品牌，我们就有了属于自己的影响力。

这个道理不仅适于我们的自身发展，同时也适用于商界与企业。

清代商人胡雪岩就很注重企业的形象。他曾说，"第一步先要做名气。名气一响，生意就会热闹，财源就会滚滚而至"。所以，胡雪岩不会放过任何一个可以让自己企业扬名的机会。

首先，胡雪岩很重视企业产品的质量。胡庆余堂的药物，每一样原料都要采用最上等的，每年只在原料的收购上就要比别家多费很多心思，也投入了更多的银两。有时候，为了保证原料的质量，胡雪岩派专人采购，这就增加了员工的开销，加大了药品的前期投入。

其次，胡雪岩极其重视伙计对顾客的态度，他曾跟伙计说："不挑剔的就不是买卖人。"所以，在他的店铺里，尽管有时候顾客十分刁钻，可是伙计们都忍着，不敢有一点马虎。胡庆余堂的服务态度，也是同行业中的佼佼者。

最后，胡雪岩会利用一切机会让别人了解企业的存在，形成自己的影响力。他曾带头支持官府发行的银票，虽然承担了很大的风险，但是他想到的就是赚名气，在官府中形成影响力。

通过各种各样的手段，胡雪岩给自己的企业建立了良好的形象。

由此我们可以看出，商家做生意，名气至关重要。一个企业，如果有了名气，客户会不远千里来与之合作，促成利益。但是，如果企业不注重自己的形象，任由自身的发展，长此以往，就会失去顾客的信任，丧失掉很多赚钱的机会。

人也一样，如果不注意自己的名气，不能建立良好的形象，那么即使是去应聘，也是会被用人单位拒绝的。所以，要想得到更好的发展，必须先打造自己的形象。

那么，如何才能打造个人品牌呢？

一、维持学习力及学习心

学习力及学习心是不老的象征，也是延续个人品牌的手段。一个不断学习的人内在是丰富的，也会更容易拥有自信心及保持谦虚的态度。学习会让你时时刻刻感觉到自己在进步，学习会让你找到自身的不足，从而改正陋习。

二、不断提升自己的专业能力

"拥有专业能力"是一种绝佳的个人品牌，是一种内涵的呈现。由于不断地有新知识及新技术的推出，为了避免过时，大家必须不断地增进专业能力，这是打造个人品牌首先要注意的。

三、强化沟通能力

沟通能力包括倾听能力及表达能力。个人品牌必须透过沟通能力传达出去。你必须要有能力在大众面前清楚地表达，通过文字传达思想，也要学习站在他人的角度看事情，尝试以对方听得懂的语言沟通，为了达到这个目的，倾听是必要的。

四、亲和力

亲和力是一种独有的气质，让人在不知不觉中被你吸引。

五、外表

外表是很重要的。当别人还没有机会了解你的内涵时，会先从你的外表开始判断你的好坏。学习让你看起来清清爽爽、专业诚恳，以整洁利落来诉说你充沛的精力和良好的态度，是职场中的年轻人必备的能力。

建立个人品牌，可以从自己的强项开始。每个人都有自己独特的能力，都应及早找到自己的强项，尽量发挥，这是快速脱颖而出的秘诀。

发现你的潜能，别给自己留遗憾

潜能犹如一座待开发的金矿，蕴藏无穷，价值无限。每一个二十几的年轻人都有一座巨大的潜能金矿。奥里森·马登："我们大多数人的体内都潜伏着巨大的才能，但这种潜能酣睡着，一旦被激发，便能做出惊人的事业来。"

但是，为什么大多数年轻人不能拥有丰富的知识，获得成功的人生呢？

原因就在于他们潜在的巨大能量没有得到有效的开发和利用。

我们知道，即使是被称为20世纪最发达的大脑的拥有者爱因斯坦博士，终究也仅仅使用了自身能力的10%！人类的大脑是世界上最复杂也是效率最高的信息处理系统。别看它的重量只有1400克左右，其中却包含着100多亿个神经元。在这些神经元的周围还有1000多亿个胶质细胞。人脑的存储量大得惊人，在从出生到老年的漫长岁月中，我们的大脑每秒钟足以记录1000个信息单位。

可见，每个人的身上都蕴藏着巨大的潜能，这些潜能对人生价值的实现起着举足轻重的作用。只要我们有效地开发自身的潜能，不但可以实现人生的种种愿望，甚至可以创造出令人惊讶的奇迹。

你是不是经常因为一点点小挫折就从心里否定自己，暗自沮丧，丧失了继续前行与奋斗的勇气？如果真是如此，你应该及时改变这种消极的心态，你的潜能宝藏还未被你挖掘出来，你的能力与才华也并未得到正确而充分的展示。

潜能是上帝放在我们每个人心中的"巨人"，千万别因为在现实中遇到困难就对自己失去信心，赶快唤醒你心中的"巨人"吧。

一、将你的精神标语写下来

将你的精神标语写下来，例如"我一定可以完成这个项目""我现在感到很幸福"。明晰的标语能使你的目标清晰明朗，这是光凭记忆所做不到的。

每天念诵两次你的精神标语：一次在刚醒来的时候，一次在临睡之前——这两段时间是你潜意识活动比较弱，最容易与潜意识沟通的时段。

在念诵的时候，你要贯注感情，并且想象你成功的样子。

二、每天暗示自己"你做得很好"

想要成功的你，要每天在心中念诵自励的暗示宣言，并牢记成功心法：你要有强烈的成功欲望、无坚不摧的自信心。如果你使精神与行动一致的话，一种神奇的宇宙力量将会替你打开宝库之门。

二十几岁的时候，如果在你的潜意识中你是一个幸福的人，你会不断地在你内心的"荧屏"上见到一个充满信心、锐意进取的自我，听到"你做得很好，你会做得更好"这一类的鼓舞信息；然后感受到喜悦、兴奋与力量——而你在现实生活中便会"注定"成功。

三、构想成功后的自我

伟大的人生始自你心里的想象，即你希望做什么事、成为什么人。二十几岁的人都有自己的梦想，在你心里的远方，应该稳定地放置一幅自己的画像，然后向前移动并与之吻合。如果你替自己画一幅失败的画像，那么，你必将远离胜利；相反，替自己画一幅胜利的画像，你与成功即可不期而遇。

四、给自己制造"适量"的压力

我们知道有"狗急跳墙""背水一战"的说法，因为在面对

险恶绝望的环境时，无论动物还是人，出于求生的本能都易于激发自己的潜能，从而创造令人匪夷所思的奇迹。

明白了潜能激发的道理，我们就可以给自己制造"适量"的压力，例如"在下班之前我务必要拜访5个客户""3个小时之内把所有工作完成"，等等。只要这种压力在你的承受范围之内，你就可能开发出无穷无尽的潜能，并能创造性地完成任务。

五、挑战一次自己的极限

二十几岁的时候，多尝试做一些自己从来没做过的事情，例如当众做一次激情洋溢的演讲，参加一次马拉松长跑比赛……抛弃小姑娘一样的羞涩。大自然赐给每个人巨大的潜能，但由于没有进行各种智力训练，每个人的潜能似乎都未得到淋漓尽致的发挥。而在寻求极限体验的过程中，随着"极限时刻"的来临，你的潜能会一次又一次被激发出来，你会感到：自身的力量是无限的。

二十几岁的年轻人，要相信自己的潜能，努力发掘自己的潜能，千万别给自己留下遗憾。

选择适合自己的生存方式

有这样一首诗："隋炀可怜为皇帝，安石不幸做相公。若使二人皆布衣，一为名士一文雄。"说明了每个人都有自己的特性，都有适合自己的生活方式，只有找到自己适合自己的生活方式，人生才有精彩与幸福可言。

的确，现实生活中，许多人之所以一事无成，甚至自暴自弃，其根本原因就是因为他们对自己没有清醒的认识，他们不知道自己到底想要干什么。因此，如果你想要成就自我，干出一番事业，就必须对自己有一个清楚的认识。

　　2002 年，梭罗博物馆通过互联网做了一个这样的测试，题目是：你认为亨利·梭罗的一生很糟糕吗？为了便于不同语种的人识别和点击，他们在题目的下面贴出 16 面国旗。到 5 月 6 日（梭罗逝世纪念日），共有 467432 人参加了测试，其结果是：92.3% 的人点击了"否"；5.6% 的人点击了"是"；2.1% 的人点击了"不清楚"。

　　这一结果出来之后，非常出乎主办者的预料。大家都知道，梭罗毕业于哈佛大学，他没有像他的大部分同学那样，去经商发财或走向政界成为政客，而是选择了瓦尔登湖。他在那儿搭起小木屋，开荒种地，写作看书，过着原始而简朴的生活。他在世 44 年，没有女人爱他，没有出版商赏识他。生前在许多事情上很少取得成功。他写作、静思，直到得肺病在康科德死去。

　　就是这样的一个人，世界上竟有那么多的人认为他的生活并不糟糕。是什么原因使他们羡慕起梭罗呢？为了搞清楚其中的原因，梭罗博物馆在网上首先访问了一位商人。

　　商人答："我从小就喜欢印象派大师高更的绘画，我的愿望就是做一位画家，可是为了挣钱，我却成了一位画商，现在我天天都有一种走错路的感觉。梭罗不一样，他喜爱大自然，他就义无反顾地走向了大自然，他应该是幸福的。"

接着他们又访问了一位作家，作家说："我天生喜欢写作，现在我做了作家，我非常满意；梭罗也是这样，我想他的生活不会太糟糕。"后来他们又访问了其他一些人，比如银行的经理、饭店的厨师以及牧师、学生和政府的职员等。其中的一位是这样给博物馆留言的："别说梭罗的生活，就是凡·高的生活，也比我现在的生活值得羡慕，因为他们没有违背上帝的旨意，他们都活在自己该活的领域，都做着自己天性中该做的事，他们是自己真正的主宰，而我却在为了过上某种更富裕的生活，在烦躁和不情愿中日复一日地忙碌。"

这个测试反映了我们生活中的一个永恒的矛盾：做自己喜欢做的事与做自己应该做的事之间的矛盾。一个人只有在做自己最喜欢做的事，遵循自己内心的意愿生活时，他才能够感受到生命的价值和快乐，才会觉得自己的生活是幸福的。

作家周国平在《碎句与短章》一书中说："我相信，从理论上说，每一个人的禀赋和能力的基本性质是早已确定的，因此，在这个世界上必定有一种最适合他的事业，一个最适合他的领域。"老子说："不失其所者久。"一个人不论伟大还是平凡，只要他顺应自己的天性，找到了自己真正喜欢做的事，并且一心把自己喜欢做的事做得尽善尽美，他在这世界上就有了牢不可破的家园。"

生活不是试跑，也不是正式比赛前的准备运动，生活就是生活。按自己的方式选择生活，放弃不适合自己的生活，才能拥有自己生活的喜悦，才能享受自己生命的快乐。

向成功的人学习成功的方法

二十几岁的我们渴求成功的愿望是很迫切的，我们认为有热情和决心就没有办不成的事。但是事实证明，仅有成功的决心和热情是不够的。现在是一个讲究时间和效益的时代，尽管我们年轻，拥有大量的时间，但也不能花 10 年、20 年，甚至穷尽一生的精力去慢慢摸索成功之道，那毕竟不是最好的方法。成功虽然没有捷径，但是有方法，我们可以学习他人已经证明的有效经验、成功模式和科学方法。

希尔顿是一个有名的旅馆业商人。当他的事业进入轨道，并赚到相当多的利润时，他自豪地告诉母亲。母亲却不以为然，而且还提出了新的要求："你现在与以前根本没有办法使来希尔顿旅馆的人住过了还想再住，你要想出这样一种简单、容易、不花本钱而又行之久远的办法来吸引顾客。这样你的旅馆才有前途。"

"简单、容易、不花本钱而又行之久远"，具备这四个条件的办法究竟是什么呢？希尔顿为此冥思苦想了好久，仍然不得其解。

后来他向那些成功的商场、旅店老板咨询这个问题，寻求答案。他们给出的一致意见是学会微笑，这就是那个简单、容易、不花本钱而行之久远的服务方式。

他对服务员常常说的一句话就是："今天，你对顾客微笑了吗？"他要求每个员工不论如何辛苦，都不能将自己心里的愁云挂在脸上。就这样，在经济大萧条中，无论旅馆本身遭受到什么样的困难，希尔顿旅馆服务员脸上的微笑始终如一，永远是旅客的阳光。结果，经济萧条刚过，希尔顿旅馆就率先进入新的繁荣时期，跨进了黄金时代。

由此可见，已经被证明了的成功方法是很有效的。那么，有很多人会问已经证明有效的成功方法在哪里？在成功人士那里。因此，向成功的人学习成功的方法，可以说是追求成功的捷径。

因为，向成功的人学习成功的方法，可以肯定这个方法是经过实践检验的，行得通、可操作；另外，向成功的人学习成功的方法，必然要直接或间接与成功者为伍，受他们的世界观、思维方法的影响而积极上进。

美国一个机构经调查后认为，一个人失败的原因，90%是他周边亲友、伙伴、同事、熟人都是些失败和消极的人。正所谓"近朱者赤，近墨者黑"，没有正确的方法指导，没有积极的思想引导，走向失败是在所难免的。因此，向成功的人学习成功的方法，不仅能成功，还能早日成功。

在向成功人士学习的时候，我们会受他们身上散发出的闪光点的影响，迅速提升自我，在他们成功方法的指导下，提高我们成功做事的效率，从而在成功的道路上迅速前进。

所谓成功者成功的方法，一定是他们穷数年之功，历经无数次失败的经历。我们不必完全走他们的老路，而是直接学习、借鉴他们的经验和原则。做成功者所做的事情，了解成功者的思维模式，并运用到自己身上。

任何一位成功者，之所以在某一方面高人一筹、出类拔萃，必定有其与众不同的方法。只要科学地学习他的做法，二十几岁的年轻人就可以获得和他相似的成就。

注重学习能力的培养

在知识经济条件下，拥有现代知识的人才是当前的关键，要搞现代化的事业，要办现代化的工农业，要进行现代化的经营管理，舍此皆为妄谈。在人的一生中拥有良好的学习能力是十分重要的。

这种学习能力，在新的形势下，具体应包括以下几个方面：

1. 熟练地使用多种工具书的能力；

2. 阅读学术书籍和科技刊物的能力；

3. 查找文献资料的能力；

4. 检索数据库的能力；

5. 在因特网上查阅信息的能力。

为此，二十几岁的年轻人应做到以下几点：

一、老师是个拐杖

对待拐杖的正确态度是，开始要利用它，又要尽快适时地丢掉它。我们向老师学习，目的是为了超越他，为了争取个人学习的主动权，为了"青出于蓝而胜于蓝"。在接受教育的过程中，必须在心理上摆脱对老师的长期依赖性，把自学精神、自主意识贯穿到学习过程中去，保持学习的主动性，尽可能尝试着将学习进程安排在老师讲解和传授之前。

二、要扎实掌握基础知识

素质教育不是"应试教育"，但素质教育并不是对基础知识的排斥和抵制；相反，不练好一定的基本功，就难有"功夫"的长进，就达不到学习能力提高的预期目标。处在接受义务教育阶段的青少年，绝不可浮躁冒进，急功近利，心存幻想；对业已步入社会而基础知识不牢固的人而言，趁早尽快"充电"才是上策。

三、多思考，多动笔，多总结

要巩固学习的成果，总结学习所得，尤其是要了解某些学习方法是否对自己最有效，就必须多动笔，以及时修正学习方法，碰撞和载录自己的思维火花与灵感，感受进步的喜悦，从而训练和提高自己的分析能力、应用能力和思维能力，并进一步激发自己的学习热情。

四、尽可能尝试着去做

别人能做的，你也能做。改变那种把脑袋视为统计数据和堆

砌知识的仓库的观念，将大脑用于思维和创新，用于贮存"怎么做"的方法论。知识经济时代更重要的是知识的应用，要大胆地尝试着独立构思，独立应用工具书，独立收集资料，甚至独立设计、独立制作，久而久之，我们在工作上就轻车熟路、游刃有余。

五、要掌握学习的基本技能

现时代的学习，绝不仅仅是过去的"听听写写"，绝不仅仅是翻翻书本，看看报纸，听听老师的讲授。信息技术的发展，网络化进程的加快，为学习开辟了广阔的天地，但对学习的技能也提出了更高、更现代的要求。比如不懂操作电脑，就谈不上到因特网上查阅信息，获取新知识，就谈不上去网上大学随心所欲地接受教育，进行远程学习。

畅销书《学习的革命》也在告诫世人："每个人必须通晓电脑。不要等待政府的行动，不要等待将来用语音控制电脑信息处理器。从学习在文字处理机上进行触摸式打字开始，尽量将电脑工业与你正在学习的其他一切结合起来，并由此开始积累你的知识。"

二十几岁的年轻人一定要注重自身学习能力的培养，有了良好的学习能力，才能更快更有效地掌握到更多的知识。

百门通不如一门精

做通才还是做专才？这恐怕是在年轻朋友成长过程中一直困扰他们的一个问题。年轻人都想学习更多的本领，但人一生的精力是有限的，要懂得合理分配才能有所成就。如果你将精力分摊到几件事情上，就会发现每件事都可以做但不会做到最好。而现代社会是一个专业化的社会，并不缺少什么都会一点的人才，现在缺少的是专业化的技能人才。在这里，你只有业有所精、技有所长，使自己在某一领域中有过人之处，你才能获得更多成功的机会。否则，自认为是多才多艺，实则是样样不精。

多年前，当电脑自动化的新技术还未面世时，在工商管理方面极负盛名的哈巴德曾经这样说："一架机器可以取代五十个普通人的工作，但是任何机器都无法取代专家的工作。"

果然，现代数以万计的普通工作都已经由机器取代了，但专门人才的地位还是稳如泰山。因为没有这些专家来操纵机器，机器就会像废物一样毫无用处。

人生在世，安身立命，你必须有一样拿得出手的专长。不学无术、得过且过，没有掌握半点拿得出手的本事肯定不行；虽好学肯干，但目标散，用心不专，这样本事虽多，却大都水平一般，没有一样拿得出手也不行；浅尝辄止，"半罐"既安，不能学精学透，直至高点，这样虽有一样本事，仍然拿不出手，还是不行。

俗话说，不怕千招会，就怕一招熟。如果学东西学得不够精，比上不足，比下有余，在外行面前还能耍一下威风，但遇到了真正的行家里手，就会露出破绽。

古代天津有位小名叫"狗子"的生意人，只是对蒸包子有所专长，他成功地创下了一个名扬中外的狗不理包子老字号；北京的王麻子只是剪刀做得好，他却凭它成功地开创了自己的事业。相反，许多知识涉猎广博的人，对各个领域都是浅尝辄止，结果一生平庸，默默无闻。

当代社会是一个竞争的社会，要在这个环境中立足、发展，你一定要有至少一样技能拿得出手。

规划你的学习生涯

当今社会充斥着各种各样的竞争，人们只有通过不断地学习，才能改变自己的命运。

那么二十几岁的年轻人怎样规划自己的学习生涯呢？以下就是一份学习计划书，二十几岁的年轻人不妨参考一下：

一、作好自我评估

自我评估的目的，是为了认识自己、了解自己。只有认识了自己，才能对自己的学习目标做出正确的选择，才能选定适合自己的学习路线，才能为以后的职业生涯目标做出最佳抉择。自我评估应包括自己的兴趣、特长、学识、性格、技能、智商、思维方式和方法、道德水准，等等。通过对自己的经历及经验的分析，找出自己的专业特长与兴趣，这是学习生涯规划的第一步。

二、确定志向和目标

在制定学习生涯规划时，首先要确定志向，这是学习生涯规划中最重要的一点。目标的设定要以自己的最佳才能、最优性格、最大兴趣、最有利的环境等信息为依据。

三、充分认识和了解外在环境

包括工作与教育的权利，工作的机会，政治环境、经济环境、社会环境、文化环境的认识与探索等。

四、选择未来职业路线的发展方向

应该问自己，未来的职业向哪一路线发展：是向行政管理路线发展？是向专业技术路线发展？还是先走技术路线，再转向行政管理路线？由于发展路线不同，对职业发展的要求也不相同，所以一定的支持系统是必要的。因此，在职业生涯规划中，必须做出抉择，以便使自己的学习、工作以及各种行动都沿着职业生涯路线或预定的方向前进。通常，学习生涯路线的选择包括：哪一路线能让自己发展，以及能往哪一路线发展。

五、付诸行动

在确定了学习生涯规划后，行动便成了关键的环节。没有行动，目标就难以实现，也就谈不上终身学习。这里所指的行动，是指落实目标的具体措施。例如，为达到目标，在工作方面，应当采取什么措施在提高工作效率的前提下达到学习的目的；在业务素质方面，应计划好该学习哪些知识，掌握哪些技能，以提高自己在工作方面的业务能力；在潜能开发方面，采取什么措施开发个人潜能，等等，都要有具体的计划与明确的措施。并且，这些计划要明晰具体，以便于检查。

六、评估与修订学习生涯规划

影响规划的因素有很多。有的变化因素是可以预测的，而有的变化因素难以预测。在此情况下，要使学习生涯规划行之有效，就必须不断地对其进行评估与修订。修订的内容包括：学习内容的重新选择，学习生涯路线的选择，人生目标的修正，实施措施与计划的变更，等等。当然，计划的制订因人而异，你可以根据自己的情况稍作调整；而计划制订的最终目的是为了执行，所以，你以后的行动就更为重要了。

二十几岁的年轻人，即使步入了职场，也不能忘记学习。只有不断补充知识，才能使自己更有价值，更有竞争力。

一技在手，事半功倍

掌握一门技能，对学习和工作的影响是积极的、显而易见的，同时也是巨大的。将技能熟练掌握在手里，往往能够起到事半功倍的效果。

一技之长是生存之根本，不论你想在哪一方面有所成就，也不论你想从事什么职业，都需要有自己的专长。

一技之长可以帮助你完成一番事业。只要有一技之长，就能够在这个充满竞争的社会生存；只要有一技之长，就能够做出不一样的成就；只要有一技之长，你就不要怕。

1946年的秋天，26岁的汪曾祺从西南联大肄业后，只身来到上海，打算单枪匹马闯天下。在一间简陋的旅馆住下后，他就开始四处找工作。工作显然不好找，他便每天在胳肢窝里夹本外国小说上街。走累了，他就找条石凳，点燃一支烟，有滋有味地吸着，同时，打开夹了一路的书，细心阅读起来。有时书读得上瘾了，干脆把找工作的事抛到一边，一颗心彻底跳入文字里沐浴。

日子越拖越久，兜里的钱越来越少；能找的熟人都找了，能尝试的路子都尝试过了。终于，有一天下午，一股海涛般的狂躁顷刻间吞噬了他！他一反往日的温文尔雅，像一头暴怒不已的狮子，拼命地吼叫。他摔碎了旅馆里的茶壶、茶杯，烧毁了写了一半的手稿和书，然后给远在北京的沈从文先生写了一封诀别信。信邮走后，他拎着一瓶老酒来到大街上。他边迷迷糊糊地喝酒，边思考一种最佳的自杀方式。他一口口对着嘴巴猛灌烧酒，内心里涌动着生不逢时的苍凉……晚上，几个相熟的朋友找到他，他已趴到街侧一隅醉昏了。还没有从自杀情结中解脱出来的汪曾祺很快就接到了沈先生的回信。沈先生在信中把他臭骂了一顿，沈先生说："为了一时的困难，就这样哭哭啼啼的，甚至想到要自杀，真是没出息！你手里有一支笔，怕什么？"

沈先生在信中谈了他初来北京的遭遇。那时沈先生才刚刚20

岁，在北京举目无亲，连标点符号都不会用，就梦想着用一支笔闯天下。但只读过小学的沈先生最终成功了，成为国内外享有盛誉的大作家。读着沈先生的信，回味着沈先生的往事和话语，汪曾祺先是如遭棒喝，后来一个人偷偷地乐了。他终于想通了：我有一支笔，写得一手好文章，我还怕什么呢？

不久，在沈先生的推荐下，《文艺复兴》杂志发表了汪曾祺的两篇小说。后来，汪曾祺进了上海一家民办学校，当上了一名中学教师，再后来，他也和沈先生一样，成了国内外享有盛誉的作家。

生活就是这样的，它不会轻易让某一个人没落，只要你有足够强硬的专长。掌握一种技能，实际上就是持有一张通行证；如果你弹得一手好琴，这也许就是你进入音乐领域的通行证；如果你画得一手好画、写得一手好字，这也许就是你进入美术行业的通行证；如果你讲得一口流利的外语，这也许就是你进入对外行业的通行证；如果你做得一手好菜，这也许就是你成为酒店名厨的通行证；如果你有超人的口才，这也许就是你进入律师行业的通行证……

就像看电影需要一张影票做通行证，二十几岁的年轻人生活的路上处处有关口，处处都需要你出示通行证。如果你拿不出一张足以通过关口的证明，只能像流浪者一样在街道上徘徊，而没有归宿。

投入百分百的热情

热情是一种精神特质，代表一种积极的精神力量，这种力量不是凝固不变的，而是不稳定的。不同的人，热情程度与表达方式不一样；同一个人，在不同情况下，热情程度与表达方式也不一样。但总的来说，热情是人人具有的，善加利用，可以使之转化为巨大的能量。

你内心里充满了热情，你就会兴奋、精神振奋，也会鼓舞别人工作，这就是热情的感染力量。

在学习、工作中，要想与别人竞争，必须保持一股持久的热情，你的心中要安有一座热情加油站。所谓热情加油站，就是在心理中枢系统经常不断地激发兴奋神经，把心理因素转化成热情。当然，不是让你榨干热情，而是疏通情感渠道去补充热情，从而起到加油站的作用。像没有汽车加油站，汽车就不能跑长途一样，热情不加油，正常的学习和工作也不能维持长久。只有当热情发自内心，又表现成为一种强大的精神力量时，才能征服自身与环境，创造出日新月异的成绩，使你在激烈的竞争中立于不败之地。

你如果已经工作了，就会知道，当你最初接触一项工作的时候，由于陌生而产生新奇，于是你千方百计地了解、熟悉工作，干好工作，这是你主动探索事物秘密的心理在工作中的反应。而

你一旦熟悉了工作性质和程序，日常习惯代替了新奇感，就会产生懈怠的心理和情绪，容易故步自封而不求进取。你这种主观的心理变化表现出来，也就是情绪的变化。

同样一份工作，同样由你来干，有热情和没有热情，效果是截然不同的。前者使你变得有活力，工作干得有声有色，创造出许多辉煌的业绩；而后者，使你变得懒散，对工作冷漠处之，当然就不会有什么发明创造，潜在能力也无所发挥；你不关心别人，别人也不会关心你；你自己垂头丧气，别人自然对你丧失信心；你成为这个工作群体里可有可无的人，你也就等于取消了自己继续从事这份职业的资格。可见，培养热情，是在竞争中得以致胜的至关重要的事情。

现在，告诉你如何建立热情加油站，使你满怀热情地学习和工作。

首先，你要告诉自己，你正在做的事情正是你最喜欢的，然后高高兴兴地去做，使自己感到对现在的状态已很满足。其次，是要表现热情，告诉别人你的工作状况，让他们知道你为什么对这项工作感兴趣。

事实上，每个人都有理由充满热情，不论是学生、作家、教师、工程师、工人、服务员，只要自己认为理想的职业就应该是热爱的，热爱自然也就珍惜。再熟悉的课程，再简单的工作，你都不可掉以轻心，都不可没有热情。如果一时没有焕发出热情，那么就强迫自己采取一些行动，久而久之，你就会逐渐变得充满热情。

学习、工作需要热情，专业技能的掌握同样需要热情。缺少了热情，就像鲜花失去了雨露，会日渐枯萎；像鸟儿失去了天空，会日渐憔悴。有了热情，也就有了动力。有了打开成功大门的钥匙。青少年朋友，不要吝惜你的热情，将你的热情挥洒在学习与工作中，挥洒在你喜欢的专业科目中，相信终有一天你会做出一番成就。

成功来自对自己强项的极致发挥

一个人没有独特的强项，想要在人生的平台上立住脚，恐怕是天方夜谭。换句话，你要想让自己成为一个别人无法替代的人物，你应当独有所长，即想尽办法，培养自己的强项。

你的强项就是你的与众不同之处。这种强项可以是一种手艺、一种技能、一门学问、一种特殊的能力，或者只是直觉。你可以是厨师、木匠、裁缝、鞋匠、修理工，等等，也可以是机械工程师、软件工程师、服装设计师、律师、广告设计人员、建筑师、作家、商务谈判高手、"企业家"或"领导者"，等等，但如果你想成功的话，你不能什么都是。成功者的普遍特征之一就是，由于具有出色的强项，从而在一定范围内成为不可缺少的人物。

有了强项，把它发挥到极致，就是成功。

这方面的例子实在是太多了：达尔文学数学、医学呆头呆脑，一摸到动植物却灵光焕发，他将这方面强项发挥到了极致，终成生物界的泰斗。阿西莫夫是一个科普作家的同时也是一个自然科学家。一天上午，他坐在打字机前打字的时候，突然意识到："我不能成为一个第一流的科学家，却能够成为一个第一流的科普作家。"于是，他几乎把全部精力都放在科普创作上，终于成了当代世界最著名的科普作家。伦琴原来学的是工程科学，他在老师孔特的影响下，做了一些物理实验，逐渐体会到，这就是最适合自己干的行业，经过努力后来果然成了一个有成就的物理学家。

汤姆逊由于"那双笨拙的手"，在处理实验工具方面感到很烦恼，因此他的早年研究工作偏重于理论物理，较少涉及实验物理，并且他找了一位在做实验及处理实验故障方面有惊人能力的年轻助手，这样他就避免了自己的缺陷，努力发挥自己的特长，奠定了自己在物理界的研究地位。珍妮·古多尔清楚地知道，她并没有过人的才智，但在研究野生动物方面，她有超人的毅力、浓厚的兴趣，而这正是干这一行所需要的。所以她没有去攻读数学、物理学，而是进到非洲森林里考察黑猩猩，终于成了一个有成就的科学家。

每一个人都有自己的梦想，每一个人都能够成功，只要你有拿得出手的专长，并且将这个专长发挥到极致。

扬长避短，找到自己的"音符"

许多时候，我们艳羡他人的成功，常认为自己"比别人笨""我哪是成才的料""像他一样出名太难了"。其实，尺有所短，寸有所长，人的兴趣、才能、素质也是不同的。如果你不了解这一点，没能把自己的所长利用起来，你所从事的行业需要的素质和才能正是你所缺乏的，那么，你将会自我埋没。反之，如果你有自知之明，善于设计自己，从事你最擅长的工作，你就会获得成功。

一位专家指出，通向成功的道路有许多条，在不同领域不同行业，人们取得成功所需要的才能和智慧是不一样的。几乎每个青少年都有自己擅长的一种或几种才能。

有的年轻人很有逻辑、数学天分，他们喜欢并擅长计数、运算，思维很有条理，经常向家长或老师提问题，追问为什么，并愿意通过阅读或动手实验寻找答案。如果他们的好奇心能得以满足，那么他们很可能在理科学习和研究上取得好成绩。

有的年轻人很有语言天分，他们说话早，对语音、文字的意思很有兴趣,喜欢听故事、讲故事,喜欢绕口令和猜谜等语言游戏,喜欢读书和听别人读书,他们很可能成为成功的作家。

有的年轻人擅长人际交往,他们能够比较容易理解他人的感受,能够和各类人相处,在各种情况下都能恰当地表达自己,经常充当团体的领袖人物,他们比较容易在政治、教育、管理或社会活动等领域取得成功。

有的年轻人表现出空间天分,他们的视觉似乎特别发达,喜欢把事物视觉化,即把文字或语音信息转变为图画或三维形象,他们可能在绘画、摄影、建筑或服装设计、造型艺术等方面表现出兴趣和特长。

有的年轻人表现出音乐天分,他们的听觉特别发达,很小就表现出对音准和声音变化的高度敏感,并能迅速而准确地模仿声调、节奏和旋律。

有的年轻人表现出身体运动天分,他们能很好地协调肌肉运动,体态和举止优美而恰当,他们通常在体育运动、机械、戏剧和其他操作工作中有杰出表现,很容易成为优秀的演员、舞蹈家、

运动员、机械师和外科医生。

成功学家通过研究发现，人类有 400 多种优势。这些优势本身的数量并不重要，最重要的是你应该知道自己的优势是什么，短项是什么，之后要做的则是敢于放弃短项，将你的生活、工作和事业发展都转向你的优势，这样你就会容易成功。

尽管其路径各异，但成功者都有一个共同点，就是"扬长避短"。传统上我们强调弥补缺点，纠正不足，并以此来定义"进步"。而事实上，当人们把精力和时间用于弥补短项时，就无暇顾及增强长项、发挥优势了；更何况任何人的欠缺都比才干多得多，而且大部分的欠缺是无法弥补的。

所以，每一个年轻人都应该努力根据自己的特长来设计自己、量力而行。根据自己的环境、条件、才能、素质、兴趣等，确定前进方向。做一个杰出者不仅要善于观察世界，善于观察事物，更要善于观察自己，了解自己。

像凸透镜一样聚焦全部能量

曾有一位苦恼的青年对昆虫学家法布尔说："我爱科学，也爱文学，对音乐、美术也十分感兴趣。我把全部时间、精力都用上了，却收效甚微。"法布尔微笑着从口袋里掏出一块放大镜说："把你的精力集中到一个焦点上试试，就像这块凸透镜一样！"

一个人的精力和时间本来是很有限的，在这种情况下，如果选不准目标，到处乱闯，几年的时间会一晃而过。如果想取得突破性的进展，就该像打靶一样，迅速瞄准目标；像激光一样，把精力聚于一束。一个人只要"咬定青山不放松"，长期专注于某一事业，他通常就能成为这方面的专家、成功者。

法国的博物学家拉马克，是兄弟姐妹 11 人中最小的一个，最受父母宠爱。他的父亲希望他长大后当牧师，送他到神学院读书。可他却爱上了气象学，想当个气象学家，整天仰首望着多变的天空；没多久他又在银行里找到了工作，想当个金融家；后来他又爱上了音乐，整天拉小提琴，想成为一个音乐家；这时，他的一位哥哥劝他当医生，于是他又学医 4 年。

一天，拉马克在植物园散步时，遇到了法国著名的思想家、哲学家、文学家卢梭。受卢梭的影响，"朝三暮四"的拉马克，固定了自己的奋斗目标，他用 26 年的时间，系统地研究了植物学，写出了名著《法国植物志》。后来，他又用 35 年的时间研究了动物学，成为一位著名的博物学家。

世界上许多伟大事业的成就者都是一些资质平平的人，而不是那些表面看起来出类拔萃、多才多艺的人。为什么会出现这种情况呢？其实，在我们的生活中可以处处见到这种情况，一些年轻人取得了远远超出他们实际能力的成就。很多人对此疑惑不解：为什么那些看上去智力不及我们一半、在学校里排名末尾的学生却获得了巨大的成功，并在人生的旅途中把我们远远地抛在了后面呢？其实，那些看起来智力平庸的人，往往能够专注于某一领域、某一事业，并长期耕耘不辍，最终实现了自己的目标；而那些所谓的智力超群、才华横溢的人，总是喜欢毫无目的地四处游荡，等到蓦然回首时，仍旧一无所有。

文学大师歌德曾这样劝告他的学生："一个人不能骑两匹马，骑上这匹，就要丢掉那匹，聪明人会把分散精力的要求置之度外，只专心致志地去学一门，学一门就要把它学好。"鲁迅也说："若专门搞一门，写小说写十年，做诗做十年，学画画学十年，总有成功的。"

纵览古今中外，凡杰出者，无一不是"聚焦"成功的。法布尔为了观察昆虫的习性，常达到废寝忘食的地步。有一天，他大清早就伏在一块石头旁。几个村妇早晨去摘葡萄时看见法布尔，到黄昏收工时，她们仍然看到他伏在那儿，她们实在不明白："他花一天工夫，怎么就只看着一块石头，简直中了邪！"其实，为了观察昆虫的习性，法布尔不知花去了多少个日日夜夜。数学家陈景润数十年如一日地研究"哥德巴赫猜想"。清代著名画家郑板桥，作画50余年，始终"咬定青山不放松"，专画兰竹，不画他物，终于成为擅画兰竹的高手。还有徐悲鸿擅画马，齐白石擅画虾，黄胄擅画驴，而古人唐伯虎拿手的则是仕女画。如果他们想行行拿状元，恐怕只能是白白浪费时间。

PART 4

学会低头，才能出头
——当你的才华还撑不起你的梦想

为什么到处都是有才华的失败者

有才华的人总是比普通人更容易失败，不是上天嫉妒有才华的人，不给他们机会，而是有才华的人把自己看得太高，才会摔得更重。世界上有很多非常优秀的人，但他们总是一事无成、碌碌无为，在失意的煎熬中痛苦地生活。为什么到处都是有才华的失败者呢？因为他们总是把目光投向天空，却把双手揣在口袋中，自视甚高。其实，只要他们谦逊一点、踏实一些，稍微低一下头，人生之路就会不一样。

杨修是曹操门下掌库的主簿，博学能言，智识过人。有一回，塞北送来一盒酥孝敬曹操，曹操没有吃，只是在礼盒上亲笔写了三个字"一合酥"，径直出去了。屋里人不明白曹丞相的意思，不敢妄拿妄动。这时正好杨修进来看见了，便堂而皇之地走向案头，打开礼盒，把酥饼一人一口地分着吃了。曹操进来见大家正在吃他案头的酥饼，脸色一变，问："为何吃掉了酥饼？"杨修上前答道："我们是按丞相的吩咐吃的。丞相在酥盒上写着'一人一口酥'，分明是赏给大家吃的，难道我们敢违背丞相的命令吗？"曹操见这个杨修识破了他的心意，表面上乐哈哈地说"讲得好，吃得好，吃得对"，其实内心已对杨修徒生厌恶之情了。

可杨修还以为曹操真的欣赏他，所以不但没有丝毫的收敛，反而把心智用在捉摸曹操的言行上，并不分场合地耍弄自己的小聪明。

曹操为人奸狡，且疑心很重，总害怕别人暗中谋害自己，故曾经吩咐左右："我在梦中好杀人，只要我睡着了，你们千万不要走近我。"一次，曹操白天在军帐中小憩，不慎将被子蹬到地上，一个值勤的侍卫赶紧过来捡起被子给曹操盖上。不想此时曹操从床上一跃而起，拔出宝剑一挥，将近侍杀死，又上床睡觉了，在场的人谁也不敢言语。过了半晌，曹操醒来，见一近侍躺在血泊中，装作大惊失色的样子，问："什么人杀了我的近侍？"大家以实情相告，曹操悔恨梦中杀人，痛哭流涕，并命人厚葬了这位侍卫。

杨修则不这样认为，在为那位近侍举行葬礼时，指着近侍的棺材说："不是丞相在梦中，而是你在梦中啊！"

杨修能破解曹操的谜题、看透曹操的心思并不奇怪，因为他从小就智力过人，博学多才，上知天文，下懂地理，

他的才华高人一等。可是，他心气太高，太爱表现自己，终究为自己的一生编写了悲剧性的结局。

杨修最后一次显露聪明是曹操自封为魏王之后。那次，曹操引兵与刘备作战，战事失利，进退不能，是进是退，当时曹操心中犹豫不决。此时厨子呈进鸡汤，曹操看见碗中有鸡肋，因而有感于怀，觉得眼下的战事有如碗中之鸡肋，"食之无肉，弃之可惜"。他正沉吟间，夏侯入帐禀请夜间号令，曹操随口说："鸡肋！鸡肋！"夏侯传令众官，都称"鸡肋"。杨修见传"鸡肋"二字，便教随行军士各自收拾行装，准备归程。于是，寨中各位将领，无不准备归计。当夜曹操心乱，不能入睡，就手按宝剑，绕着军寨独自行走，只见夏侯寨内军士各自准备行装。曹操大惊，我没有下达撤军命令，谁竟敢如此大胆，做撤军的准备？他急忙召见夏侯，夏侯说："主簿杨修已经知道大王想撤退的意思。"曹操叫来杨修问他怎么知道，杨修就以鸡肋的含义对答。曹操一听大怒，说："怎敢造谣乱我军心！"不由分说，叫来刀斧手把杨修推出去斩了，把首级悬在辕门外。曹操终于寻得机会除掉了杨修，杨修也终于聪明反被聪明误，断送了自己的一生。

凭借杨修的才华，玩文字游戏或者猜别人心思都是很简单的事情，但他过于热衷在人前显示，让众人都来称赞自己，结果还没来得及让自己的才华得到更多的展现，就因"鸡肋"事件葬送了自己的性命。这样一个才华横溢的年轻人，非但没有因为自己才华出众而大展宏图，反而因为在当时明争暗斗的官场中不懂得适时低头，毁掉了自己的锦绣前程。

可是杨修的死并没有惊醒世人，在现实生活中，有才华的失败者比比皆是。很多刚毕业的年轻人，在学校里成绩优异，可是走上社会后却处处受阻，似乎所有人都在跟他作对。其实，并不是周围的人太苛刻，也并非没有机遇，而是因为他们自认为自己很有才华，就过于张扬，不懂得谦虚求教。

当有才华的人不知谦虚，自大狂妄，开始刻意表现自己的时候，就注定了要承受更多的舆论压力和其他更多的外在压力。有一些有才华的人甚至为了表现自己而把别人踩在脚下，那么他们一定会遭到别人加倍的嫉妒和报复。

所以，社会不是排挤有才华的人，而是要让他们学会谦虚，低头处世，不要总想着表现自己而忽略了别人的感受。只有学会低头，有才华的人才能成为最终的胜利者。

"草根"为什么这样红

大众给予了"草根"更多的爱和关注，不是人们对于文化的发展要求降低了，而是他们在平凡人的身上看到了一种难得的品质。

草根英文直译为 grassroots，始于 19 世纪美国，彼时美国正浸于淘金狂潮，当时盛传，山脉土壤表层草根生长茂盛的地方，下面就蕴藏着黄金。后来"草根"一说引入社会学领域，"草根"

就被赋予了"基层民众"的内涵。

近年来，草根的出现频率急增，很多人和物都被会用草根来形容。白居易有诗"野火烧不尽，春风吹又生"，似乎是对草根的形象注释。草根因平凡而具有顽强的生命力，他们看似卑微普通，却生生不息、绵绵不绝。草根也许永远无法成为主流经营的一员，但是他们彰显出了自己独特的个性和魅力，给人们一种希望。草根是民众的，他们就在我们的中间，跟我们有太多的相似之处，所以人们会对他们有一种特别的亲近感，人们也就对他们给予了越来越多的关注和爱护。

一些草根明星，曾经为了生计到处奔波，现在却能够感受到舞台的光鲜，这不是谁都能做到的，但是我们都有机会得到的。尽管成功对于每个人来说都不容易，但是当出身卑微的人肯付出更多的努力，能够吃更多的苦，拥有了执著的追求和不达目的誓不罢休的勇气，那么没有什么困难是无法战胜的，也没有什么磨难是可以把我们压倒的。

草根为什么会这样红？相对来说，大众给予了草根更多的爱和关注，不是人们对于文化的发展要求降低了，而是他们在平凡人的身上看到了一种难得的品质，而这种品质正是我们当前最值得发扬的：草根红人总是能够给人一种希望：不管以前的处境多么艰难，只要有信心、有恒心，勇敢地与困苦的生活作战，你就能够冲破生活的阴云，看到美好的未来。

所以，那些还在生活的底层奔波的人们，只要拥有了草根精

35岁前，搭建属于自己的舞台：
当你的才华还撑不起你的梦想时该做的事

神，能够像草根那样勇敢地向生活挑战，也可能创造"咸鱼翻身"的奇迹。

应届大学毕业生：你只值 300 元

我们一定要学会放低自己，以归零心态从社会的底层做起，这样才能让人生学位不断升值。

每到毕业时节，关于大学生就业的报道就会很大篇幅地占据媒体报道的重要位置。考虑到现在的经济形势，大学生就业难的状况，有一些大学生认为现代社会是一个讲求实力和经验的社会，自己刚刚毕业还没有实践经验，所以即使工资很低，但只要能够给自己提供一个积累经验的平台，他们就可以接受。但是也有一些大学生，觉得自己已经接受了那么多年的教育，自然应该比其他没有读过书的人工资高，所以低于基本消费线的工资，他们是接受不了的。

低工资求锻炼的机会，高工资希望肯定自己的人生价值，同样的毕业生，却有着完全不同的想法，那么到底应该怎样看待这些大学生的价值呢？应届毕业生的工资，到底应该定位为多少钱呢？

用人单位给出一个数据：一般的应届毕业生只值 300 元。这个数据不一定准确，但是它告诉我们一个事实：应届毕业生没有什么可值得炫耀的，毕竟现在大学生到处都是，而且刚毕业的学生没有工作经验，对社会了解得也很少。在这种情况下，大学生并没有什么优势。所以，大学应届生不要高估自己的价值，要学会从零做起。

不可能每个人都出生在聚光灯下。大学生一毕业甚至还没毕业就找到一份好工作，从此一帆风顺的人毕竟是少之又少，更多的毕业生也只有和别人挤在一间不到 10 平方米的小屋里，每天找路边最便宜的餐馆，买张关于招聘的报纸，整日拿着一摞厚厚的简历奔波，往返于各个人才市场。对找工作的毕业生来说，那是一段黑暗潮湿的经历。

尽管历经波折，但是没必要害怕和烦躁。"蘑菇经历"是事业上最为漫长的磨炼，也是最痛苦的磨炼之一，它对人生价值的体现起到至关重要的作用。经过这个阶段的磨炼，你就会熟练地掌握当前从事工种的操作技能，提升一些为人处世的能力，以及培养挑战挫折、失败的意志，这也是最重要的。诸多能力的具备，为你将来职业的顺利发展铺平了道路。可是生活中很多人就是不愿意把头低下来，正确地评估自己，给自己定位，那么到头来无法提高自己，可能最终你的价值将到不了 300 元。

曾任微软副总裁的李开复雇用过一个助手，他很有能力，但他的一次自我评估，让李开复重新审视了他。这个助手在自我评估上说："虽然我是那么谦虚的一个人，但是我认为我这一年的成就是不可思议的。"李开复知道，这个人自恃太高，觉得做自己的助手受委屈了。

于是，李开复告诉他："如果你真的认为自己做得那么好，你肯定不会安分地做这份工作，所以我认为你应该重新开始找事做，你认为多长时间能找到工作？"他说3个月。李开复给了他4个月的时间，让他去找工作。

3个月后，助手回到李开复的办公室，说："我还没找到工作，只剩一个月了，你能不能多给我一点时间？"李开复问了原因，助手回答："像我这么资深的人，你给我3个月是不够的，我需要9个月……"

李开复就又给了他两个月的时间，告诉他："如果6个月你还找不到工作，我需要你的一封辞职信，这是公司的规定。"然而，6个月之后，助手还是没有找到工作，按规定他离开了公司。又过了一个月，他打电话给李开复："我又回微软工作了。"李开复问他："你没有找到工作吗？"

他回答找到了，还是在微软，不过职位比在李开复手下工作时低两级。

面对人生的低起点，不要总是不知足，也不要总是不懂得把握。在我们还不具备一定的实力与经验的时候，总把自己看得太高，无疑会影响我们向他人学习的心态，影响我们正常的工作态度。当我们开始因为别人的不器重而懈怠的时候，其实是我们搬着石头挡住了自己的去路。

所以，不管我们的起点在哪里，都应该虚心地接受，一点一点地丰盈自己的翅膀，那么总有一天我们会展翅高飞的。

还当不了领头羊时，就先躲在羊群里

我们常常不能正确地评估自己的实力，总觉得在目前的位置上是一种"屈才"，其实很多时候我们并不如自己想象中的那么强大。

没有人是天生的领导者，那些走向成功的人士，也是经历了一番痛苦磨炼的。所以，当我们还没有足够的能力撑起一片天的时候，就不要总是炫耀自己，总觉得自己比别人强，而应该虚心学习，潜心修炼，期待有朝一日能够丰盈自己的翅膀，振翅高飞。

两个某大学计算机系的同学，在校时品学兼优，特别是在英文和计算机技术方面优势突出，毕业后一同到了北京一家著名的软件公司，令同学们羡慕得不得了。没想到，两个月后，同学甲就因为另外一家私企的高管位置有吸引力而跳槽。当时他和同学乙商量一起走，乙对本公司文化已经非常认同，且不看好那家公司，苦劝甲不要贸然跳槽，可是被经理职位诱惑冲昏了头脑的甲去意已决，当月就走人了。然而他哪里想到，那家私企资金链异常脆弱，还处于四处融资阶段。果然不久就听说新公司运转出了问题，正常薪水无法发放，甲又跳槽了。在余下的两年中，甲就像一只无头苍蝇一样四处乱撞，一次比一次失望，后悔"早知如此……"短短几年时间里，甲已经相继"客串"了软件、网络、销售、广告、媒体、汽车、保健品等多种行业。可谓"万金油"，什么都会一点，但什么都不精通、不专业，只好一直做初级工作。以前的技术也跟不上趟了。奋斗了几年，两手空空。虽然甲在别人面前硬着头皮说跳槽"无怨无悔"，但打落门牙往肚里咽的难受滋味，只有他自己知道。实际上还是最初的那家公司最好，因为那家公司已经在纳斯达克上市，他的同学乙已经成为一个重要的部门经理，手里拿着可观的原始股票，买了车，同学聚会都在他新买的"高档公寓"举行。而"跳槽冠军"甲仍然一无所有，惶惶不可终日。

很多人不能正确地评估自己的实力，总觉得在目前的位置上是一种"屈才"，其实有时候我们并不如自己想象中的那么强大。尤其是在工作中，看着别人做总是很容易，可是真正轮到自己做的时候，往往就会找不准方向、漏洞百出。所以，在还没有能力当上领头羊的时候，一定要虚心学习，将本领练得扎实。

当然，生活中也有一些人不是没有当领头羊的本领，只是还没有被领导注意到，这个时候，我们就应该寻找一切可利用的机会，为自己创造更好的发展平台。

西汉末年，王莽篡汉建立新朝，托古改制，弄得天下民声鼎沸，各地起义风起云涌。刘秀很小的时候就心思缜密，与人交往时，不计小怨，喜怒不行于色。早在起事之前，尽管刘秀的兄长们蠢蠢欲动，但他却处处小心谨慎，平时只知埋头务农，与世无争，还因此被讥笑为汉高祖刘邦的一位庸庸碌碌的子孙。后来刘秀也加入起义队伍，并凭借自己超凡的才能脱颖而出，逐渐成为领袖。

为了号召天下，绿林军立刘秀的族兄刘玄为更始帝，发展迅速。刘玄是个资质平庸、甚至是有些懦弱的人。刘秀和他的哥哥刘缤才华出众，分别被封为"太常偏将军"和"大司徒"。在昆阳和宛城之战中，刘秀和刘缤立下大功，因此也获得更高的声望。刘氏兄弟日益增长的势力引起了起义军中其他将领的担忧，他们劝更始帝除掉刘缤。刘秀看出了潜藏的危险，提醒兄长注意，但是刘缤并没有放在心上。不久之后，更始帝果然在众人的怂恿下将刘缤杀害。刘秀听说兄长被杀，十分悲痛，但是他马上来到当时政权所在地——宛城谢罪，大臣们向他表示劝慰之意，但他却只说怪自己没能劝住兄长，以致其惹怒了皇帝。从此之后，他绝口不提自己在昆阳立下的功劳，也不为刘缤服丧，饮宴说笑一如平常，仿佛什么都没有发生过。他这么做反而让更始帝感到惭愧，于是任命刘秀为破虏大将军，封武信侯。

其实，刘秀本非无情之人，他非常在意哥哥被无辜杀害，以致多年之后还难以释怀，提起这件事情的时候就泪流满面，只是他从来不会在外人面前表现出来罢了。后来，起义军攻入洛阳，刘秀单独住在一间房子里，不让别人进去。他的好友冯异曾经进过这间房间一次，却发现刘秀的枕巾被泪水打湿了一大片。冯异努力劝慰刘秀，但刘秀却矢口否认。在当时艰难的处境下，他不得不忍住自己的悲伤。正因为善于低头，刘秀在众人眼中的威胁消除了，反而让自己的实力变得比以前更强大，投靠他的军队也越来越多。

我们总是羡慕"咸鱼翻身"的人，殊不知，他们并不是一步登上事业的高峰的，他们的成功也是一步一步通过自己的努力获得的。他们也会经历痛苦，但是相对于别人的心浮气躁，他们更加沉稳、更加注重通过不断的付出来收获回报。

只有坐得了冷板凳，才能坐得了高堂

每个人一生的际遇都不同，然而只要你耐得住寂寞，不断充实、完善自己，当机会向你招手时，你就能很好地把握，获得成功。

我们常常听说，只有耐得住寂寞的人，才能大有作为，才能创造更多的精彩。在生活中，总会有许多默默无闻的角色，他们并没有享受到人们的关注，但是他们甘愿在自己的位置上认真地工作，将自己分内的事情做到最好。

很多人听过交响乐。演奏的现场，管乐与小提琴手总是默契配合着，大提琴也会时不时地加进弹奏的队伍，只有大号手，一直坐在那里不动。演奏马上要结束了，观众们就要对大号手失望了，可是就在最后的3分钟里，大号手终于吹出了震耳欲聋的声音，让整个音乐厅都为之颤抖。3个小时的演奏，大号手的表演不到3分钟，然后就默默地离开了。

有人说："大号手要做的事情就是在一直数着拍子，然后吹出那一声响，那一声响可不是谁都能吹出来的啊。"没错，只有能够忽略自己位置的人，才能留下最美妙的音乐。只有能够耐得住寂寞的人，才能在事业上创造奇迹。

罗明是湖北一所大学的英语教师，在市场经济浪潮的推动下，他决定开创一番属于自己的事业，于是他离开了自己得心应手的教育界，到北京的一家俱乐部工作。北京的俱乐部大多数为会员制，要想有所发展，必须大力发展会员。而在俱乐部里，衡量一个人的工作业绩，主要是看他发展了多少个会员，以及售出了多少张会员卡。他的上司告诉他，现在唯一要做的事就是：售卡。

那段时间里，罗明对一切都感到生疏，初来乍到，也没有可以依靠的朋友。可想而知，他的处境有多窘迫！他决定采取一个初入道者都采用过的笨办法：扫楼。"扫楼"是业内人士的术语，即大大小小的公司都聚集在写字楼里，你要一家一家地跑，一家一家地问，那种情形就跟扫楼差不多。当然，你必须要找经理以上的高级管理人员，最好是总裁，普通的白领是难以接受价格不菲的会员卡的。

罗明的生活从此发生了180度的大转弯。他由一名体面的大学教师，一下子"跌落"成了一个"厚脸皮"的推销员。那是一种什么样的感觉？他心理上的落差感十分强烈。

有一个朋友问过罗明关于"扫楼"的事情。那个朋友阴阳怪气地问他："'扫楼'是不是很威风，一层一层，挨门逐户？"罗明听完这番话，内心真是酸甜苦辣什么滋味都有。往事不堪回首，他至今还清楚地记得"扫楼"之初的狼狈和艰辛。他曾经精

确地统计过,他"扫楼"的最高纪录是一天内跑了10栋写字楼,"扫"了72家公司,感觉身体像散了架一样,腿和脚都不是自己的了,别说走路,挪动一下都很困难。那天晚上,他坐电梯从楼上下来,在电梯间里,他感到自己的胃正在一阵阵痉挛、抽搐、恶心,唯一的想法就是找个清静的地方大吐一场。他经常忍受人们的白眼和奚落,这对于从小到大都一直备受尊重的他来说,该是怎样一种伤害啊!

如果推销会员卡只有"扫楼"这一种方法,那么很少有人能够坚持下去,也很少有人能够成功。"扫楼"只是步入这个行业的初始阶段,秘诀还是有的。大约半年后,罗明开始出现在俱乐部召开的各种招待酒会上。出席这类酒会的人都是些事业有成、志得意满的成功人士。置身于这样的环境中,罗明发现那些如同铁板一样的面孔不见了,那些刺痛人心的冷言冷语不见了,现在出现的可能是真正意义上的彬彬有礼的人士。他感到自己一下子放开了。他本来就该属于这里：他的涵养，他的才学，即使他曾经历过一段坎坷的"奋斗史"，又怎能磨灭他所固有的价值与尊贵呢？他知道他们需要什么，知道他们需要听从什么样的劝告。这是很重要的，因为他一下子就能拉近与他们之间的距离。他的语言、他的讲解，也不是那样干巴巴的，仿佛带有一种难以抗拒的鼓动力。他告诉他们，俱乐部将会给他们最为优质的服务，而购买价格昂贵的会员卡，就是一种地位、身份和财富的象征。

在一次专为外国人举办的酒会上，似乎没有人比他更游刃有余。他能说一口纯正、流利的英语，这让他一下子就与外国人打成了一片。他曾经一个下午同时向 8 个外国人推销，结果竟然售出了 9 张会员卡，其中有一个人多买了一张，是送给他朋友的。每张会员卡 5 万美元，每售出一张会员卡，销售人员可以从中提取 10% 的佣金。罗明一下午的收入就很容易推算了。

从那以后，罗明在几个俱乐部之间跳来跳去。到了 2004 年初，他终于在一家俱乐部安营扎寨。他已经不用再去"扫楼"了，即使是参加招待酒会，他也不用怂恿别人买会员卡了。他有良好的学历、敬业精神和过硬的销售业绩，所以，他从销售员、销售经理、销售总监一直升到俱乐部副总裁。显然，如果没有当年的"低人一等"，哪里会有后来的"高人一筹"呢？

"低是高的铺垫，高是低的目标"，对于那些已经处在事业金字塔顶端的人，你只要去研究他的经历就会发现：他们并不是一开始就"高人一等"、风光十足的，他们也曾有过艰难曲折的"坐冷板凳"的经历，然而他们能够端正心态、不妄自菲薄、不怨天尤人；他们能够忍受"低微卑贱"的经历，并在低微中养精蓄锐、奋发图强，最后才攀上人生的巅峰，让世人瞩目。

从宋兵甲到喜剧王的蜕变：星爷的成功
是从龙套跑起的

"你可以看不起我，可以羞辱我，我只会低眉顺眼，也许还会在你羞辱我的时候给你赔笑脸。但是我会在背后一直努力，直到有一天你发现，你已经无法张口羞辱我，因为我已经比你站得更高。"这就是周星驰成功的秘诀。

看过周星驰的《喜剧之王》以后，很多人的心里都会有沉甸甸的酸楚，一边大笑一边流泪，在观众的心里产生了强烈的反差：尹天仇这个"死跑龙套的"，对于自己的演艺事业认真而又努力，尽管只在戏里扮演一个出镜不到几秒的死人，他也在固执地研究不同的死法。他带着自己对角色的认识来演绎一个出场就被娟姐干掉的龙套，可是没有人听他对剧本人物的认识，也没人听他的分析，他被剧组的人臭骂一顿，盒饭没了，饭碗也丢了。可是一开始他不死心，依旧要自导自演做着自己的演员梦，并对每个人都认真地介绍自己：其实我是一个演员。勤奋终于有了回报，经过一些机缘巧合，最后他回到先前没人捧场的街坊福利会举行戏剧表演时，来观赏的观众人山人海，连以前的大腕也来给他捧场。

"其实我是一个演员。"这是周星驰对自己说的话。《喜剧之王》里的主人公就如同他自己，勤奋努力，可是一开始谁都懒得答理他，看不起他，厌烦他一个小跑龙套的还那么不听导演的安排。

在没有跑龙套以前，周星驰家境贫寒，甚至比不上一般人。他没有什么特长，但是对当演员充满期望，当时香港无线电视台（TVB）招考演员，周星驰就报了名。但最终没有入选。

直到邻居告诉他 TVB 将招考夜间部训练班，他才又再接再厉，报考成功。好不容易跨进演员一行，却又迎来了 8 年跑龙套的命运。即使命运的恶神总是将他戏弄，可是他始终保留一丝笑意，持续往上爬，成为现在家喻户晓的喜剧之王。

由临时演员、电影明星，到同于企业 CEO 兼制片人，走过人生三阶段，周星驰事业规模一再扩大，从一个月薪水港币两千元，到片酬港币千万元以上，如今更是上亿美元票房制片人。

回头看周星驰走过的坎坷路，我们不禁要问：怎么才能从出镜不到两秒的小龙套成长为一个老幼皆知的著名笑星再到赫赫有名的导演？是不是源自于他的运气好？答案当然不是，用他自己的话说："我是非常努力，才能有一点成功。"

有人总结说周星驰的票房之所以会高，不是因为他善于演喜剧片，而是因为他是一个"心理学专家"，他懂得真正的成功道理：把自己放低，不放弃"希望"，这样别人才会认可自己，让自己顺顺利利地成功。

陈安之在《看电影学成功》中是这么说："一般人是如何获得自信的？是通过比较：你比我好，所以我就没有自信；我比你好，就变成你没有自信。而每一个人都希望得到认同、得到自信。所以，周星驰演的角色，10 部片子有 9 部都是演一个常被嘲笑常被欺辱的人，演一个最被人看不起的人，能让所有人都觉得'我一定会赢过你'的人，结果影片最后，周星驰一定会一反弱态，战胜强敌，扬眉吐气……"

这就叫"Tee-up 法则"——Tee 是打高尔夫球用的小支球托，up 就是把它垫高起来的意思。所有人打高尔夫球，在开杆的时候，都必须插下那个 Tee，才有办法把球打飞起来。这就是 Tee 的作用：把自己放低了（像没有价值），再把对方垫高了（对方显得高大而有价值），结果自己就成了对方离不开的，最有价值的"Tee"。

也许这就是周星驰成功的秘密：你可以看不起我，可以羞辱我，我只会低眉顺眼，也许还会在你羞辱我的时候给你赔笑脸。但是我会在背后一直努力，直到有一天你发现，你已经无法张口羞辱我，因为我已经比你站得更高。

怎样正确对待"怀才不遇"和"大材小用"

一定要选择适合自己的空间，如果你是鸵鸟，就应该开拓一片自己的土地；如果你是雄鹰，就应该展翅翱翔。

怀才不遇是每个"千里马"都担心的事情。有才而无人识，这种处境比没有才华更叫人难受。可是伯乐并不常常有，千里马中的大多数也许和其他驴子或者骡子混迹在一起，只被用来骑出去到市场买个货物、驮驮重物，发挥不出自己的专长，那么在这种情况下千里马要有什么样的心态呢？渐渐自暴自弃心甘情愿地和其他马一样做"负重"锻炼，还是不甘平凡，用最好的状态等待伯乐的发现？毫无疑问，如果选择了自暴自弃，那么我们没有输在别人的不赏识上，而是输给了自己。有些机会是需要等待的，一边打造自己一边等待时机，这样才会有获胜的机会。

　　一开始，东方朔在汉武帝面前并不受重视，于是他就哄骗宫中看守马圈的侏儒们说："皇上认为你们这些人对朝廷无用，耕田劳作体力不够，任职做官又不能治理政事，参军入伍也不会指挥作战，只会白白耗费衣食，如今想把你们全部杀掉。"侏儒们听说后十分害怕，哭了起来。东方朔又建议他们："皇上就要从这里经过，你们何不叩头谢罪？"当汉武帝来到马圈，侏儒们都跪在地上，一边磕头，一边痛哭。汉武帝问清怎么回事后，非常生气，派人把东方朔召来，责问道："你胆敢编造谎言，该当何罪？"东方朔正等待着这个机会，于是振振有词地说："我活着也要说，死也要说。侏儒身高三尺，俸禄是一袋粟，钱是二百四十；臣东方朔身长九尺多，俸禄也是一袋粟，钱也是二百四十。侏儒饱得要死，臣却饿得要死。如果臣的话可以采用，请用厚礼待我；不采用，请让我回家，不要让我尸位素餐。"汉武帝听了哈哈大笑，赦免了他的罪过。不久后，东方朔就被提升了官职。

先让领导"注意"我们，然后他们才会有可能"重视"我们。晋升之路通过自己实现，有理想的人千万不要太默默无闻了。

和怀才不遇类似的事情是大材小用，这是代表领导已经发现我们是人才可是没有可以让我们施展的地方，所以也只能给我们一些小事做。这种情况也很不妙，一方面我们自己心里会有落差，觉得给我们的任务琐碎而且没有挑战性；另一方面，领导心理也会嘀咕："我现在让他熟悉了公司的运营情况，了解了各个流程，他要是哪天碰上更好的机会走了，我不是还得再花时间招人和培养其他人吗？"

某中学校长到某大学选毕业生，欲招聘几名教师和校刊编辑。一位新闻系的学生前来应聘。校长看了看这位同学的简历，挺优秀，还在市级报刊上发表过多篇报道，文笔很不错，当然很能胜任校刊编辑的职位。这位中学校长便说："你学的是编辑专业，但我们校刊是一份小报，我想多少有些大材小用。你大概是打算到我们那儿去积累经验，然后跳槽到大报纸去吧？"这名学生见校长笑容和蔼，没听出校长说这话的深意，也就没对这话作出反驳，只是笑了笑。其实这学生本没有跳槽之意，他本来就喜欢像学校这样的环境，但校长看见他沉默的态度就以为他默认了自己的推测，于是马上把他否定了。

这个故事告诉我们在面试时一定要留个心眼，琢磨一下问题的"话外之音"。如果我们没有觉得自己在公司里受到"屈才"，就及时表明立场，认真踏实地工作。而如果觉得公司太小，不适合自己的发展，就不要浪费自己和别人的时间，用更多精力来寻找适合自己发展的行业和公司。

做人要"降低"一个层次，做事要提高一个档次

做人要降低一个层次，不是让你的道德层次降低，也不是要你对自己的要求降低，而是要你对自己的"所得"要求降低。做事要提高一个档次，不是说收入的提高，而是标准的提高。

虽然生活中人们常说"一分辛劳就有一分收获"，可是并不是所有的事情都能应验这样的结果。所以，付出多而回报少是再正常不过的事情。如果过分计较自己没得到的东西，那么我们就只能在痛苦中徘徊，而如果我们甘愿付出，对于任何事情都投入百分百的激情和认真，那么我们一定会把生活过得充实、快乐。

美国独立企业联盟主席杰克·弗雷斯从13岁起就在他父母的加油站工作。弗雷斯想学修车，但他父亲让他去前台接待顾客。当有汽车开进来时，弗雷斯必须在车子停稳前就站到司机门前，然后去检查油量、蓄电池、传动带、胶皮管和水箱。

弗雷斯注意到，如果他干得好的话，顾客大多会再来。于是，弗雷斯总是多干一些，帮助顾客擦去车身、挡风玻璃和车灯上的污渍。有一段时间，每周都有一位老太太开着她的车来清洗和打蜡。这辆车的车内踏板凹陷得很深，很难打扫，而且这位老太太

极难打交道。每次当弗雷斯给她把车清洗好后，她都要再仔细检查一遍，让弗雷斯重新打扫，直到清除掉所有的棉绒和灰尘，她才满意。

终于有一次，弗雷斯忍无可忍，不愿意再伺候她了，他的父亲告诫他说："孩子，记住，这就是你的工作！不管顾客说什么或做什么，你都要记住做好你的工作，并以应有的礼貌去对待顾客。"

父亲的话让弗雷斯深受触动，许多年以后仍不能忘记。弗雷斯说："正是在加油站的工作，使我学到了严格的职业道德和应该如何对待顾客，这些东西在我以后的职业生涯中起到了非常重要的作用。"

生活中，我们经常看到一些人自嘲：付出是那样的多，所得是那样的少。他们工作的积极性很差，认为自己的工作枯燥、卑微，轻视自己所从事的工作，无法全身心地投入工作。他们在工作中敷衍塞责、得过且过，将大部分心思用在如何才能最偷懒而又赚钱上，这样的人是不可能有很大的成就的。

过分计较个人得失，常常让我们的眼光只注意到利益的获得，而忽略了前进的方向，最终偏离了最初选择的轨迹。总是顾及自己面子的人，在刁钻的生活面前，也会显得无措。而对自己的发展严格要求的人，无论做什么事情都会给自己提出高标准的要求，让自己用尽全力去做到最好。

所以，如果一个人想要成功，就不能一直把视线盯在自己的报酬上，不能只顾及自己的面子问题，而应该能够承受发展道路上的一切压力，冲破前进路上的任何阻力，用心思考怎样把工作做得完美。这样，我们才能离成功越来越近。

因此，我们在工作中要学会低调做人，高标做事。在我们的一生中，需要面对的只有两件事：一是学会做人，二是学会做事。低调做人，高标做事，是做人做事的理念。低调不意味着低俗、懦弱，而是一种谦逊的态度。低调做人，意味着在与人相处的过程中能够保持一种较低的姿态，不招摇，不显示自我，也意味着对他人要抱有一颗感恩的心，还意味着不会向对方提出过高的要求。这样才能时时受到欢迎和得到他人的尊重，并且拥有一个好

的人缘。要学会做事，高标是关键。高标做事，不是张扬着让全世界都知道你在做什么，而是要以一种很高、很专业的姿态去做，认真地做好、做成功。能完成百分之百，就绝不只做百分之九十九，高标还意味着无论面对什么事情，都要有积极和自信的心态。好的心态和态度是事情成功的最重要因素。只有这样才能称得上是高标做事。当然，想要做好任何事情的前提是要学会做人。如果我们每个人都能时时以"低调做人，高标做事"的标准来要求自己，那么，我们就已经向成功迈出了坚实的一步！

如何才能使自己的事业风生水起？如何才能在单位里脱颖而出？如何才能尽快获得提职晋升？诸如此类问题，是我们每一位职场中人都时刻关注，并苦苦思索的问题。经过无数的事实证明：成功没有捷径，要想在事业上有所成就，就一定要记住：低调做员工，高标做工作。因为这是优秀员工标志。美国金融界的杰出人士罗赛尔·赛奇曾经说过：单枪匹马、既无阅历又无背景的年轻人起步的最好方法：第一，谋求一个职位；第二，珍惜每一份工作；第三，养成忠诚敬业、高标做事的习惯；第四，认真仔细观察和学习，为人要谦虚、低调。

天地之间的高度只有3尺

被称作美国之父的富兰克林有一句名言："人，要昂首天下，但也要时时记得低头！"

有一则小幽默，女孩问向她求爱的男孩："你知道天有多高，地有多厚吗？"男孩想了一下说："嗯……不知道。"女孩轻蔑一笑："哼，又是一个不知天高地厚的家伙。"看似一个不经意的笑话，却可以引发我们对于天地之间高度的探索，那么到底天与地之间的距离是多少呢？

古希腊的时候，有人曾问苏格拉底："你是天下最有学问的人，那么你说天与地之间的高度是多少？"苏格拉底毫不迟疑地说："3尺！"那人疑惑了："我们每个人都有5尺高，天与地之间只有3尺，那还不把天戳个窟窿？"苏格拉底笑着说："所以，凡是高度超过3尺的人，就要懂得低头啊。"

天地间的高度不过3尺，可是年轻人的个头大都超过5尺，为了能够在天地之间生存，我们每个人都应该学会低头，学会以低调的姿态面对人生。可是，年轻人的身上总是有着"初生牛犊不怕虎"的气势，总是会摆出一副天不怕、地不怕的模样，所以即使是在强势的生活考验之下，我们也不会心甘情愿地低下"高贵"的头颅。

生活，有时候就像一个淘气鬼，总是喜欢捉弄不懂得生存法则的孩子。所以，如果我们在严峻的生活考验之下还不懂得低头，那么无疑我们会受到生活给予的各种各样的严厉惩罚。

富兰克林年轻时曾去拜访一位前辈。年轻气盛的他，昂首挺胸迈着大步，一进门就撞在门框上。迎接他的前辈见此情景，笑笑说："很疼吗？可这将是你今天来访的最大收获。一个人活在世上，就必须时刻记住要适时低头。"

老人对富兰克林的告诫其实也是对人生的形象比喻。

在 3 尺高的天地之间低头前行，并不是一件丢脸的事，而是一种智慧、一种境界。尤其是在社会竞争如此激烈的今天，我们需要面对的东西太多，需要注意的事情也太多：想要工作出色，需要花费心力；想要家庭和睦，需要付出；想要有更大的发展，更要学会在曲折中保存实力……而并不是所有的事情都是一帆风顺的，上司可能不理解你对于工作的构想；父母可能不理解你的人生选择；同事之间可能一直矛盾重重；连爱人之间也可能不停地产生误会……

面对生活，我们的确需要忍耐，需要低头。生命的负载太多，人生的负载太沉，低一低头，就可能卸去多余的沉重。比如面对别人的不解，低一低头，虽然不一定能赢得别人的谅解和信任，但是最起码可以除去不必要的纠纷。

但是，并不是说低头就要放弃做人的尊严。我们经常误认为，向别人低头，就等于自己的尊严受挫。其实并不是这样的。低头，是在挫折中保存自己的智慧，是在没有必要的纷争中保护自己的一种能力，是一种豁达。可是，现实生活中，并不是所有的人都具有低头的勇气，结果不是碰壁，就是触网，在生活的挫折中饱受煎熬。其实，年轻人何必总是一副宁死不屈的倔强样子呢？低一低头，多给自己一次机会，岂不是更好？

矮人一截不等于低人一等

低调的人虽不张不扬、不温不火，内心却自信自尊，他们"上交不谄，下交不渎"，以一种独特的风范维护着自己的尊严。

这里说的"矮人一截"里面的"矮"，并不是指个头，而是指低调做人，是取得成就时的不张扬，与人发生冲突时的忍让，帮助别人时的不炫耀，在人群中的不显露……低调做人者不显山、不露水，不让别人觉得自己"高人一等"，但也不会因为自己的忍耐和退让而让人觉得他们就是"低人一等"，他们会用自信、自尊来维护自己的尊严。

如今已是某保险公司股东会成员之一的赵丽回忆起她的成功经历时说，她所卖出的数额最大的一张保单不是在她经验丰富后，也不是在觥筹交错中谈成的，而是在她第一次推销的时候。

晨光电子是赵丽所在市最大的一家合资电子企业，向这样的企业进行推销，赵丽不免有些胆怯，毕竟这是她的第一次推销。然而，再三思虑后，她还是壮着胆子进去了。当时，整个楼层只有外方经理在。

"你找谁？"他的声音很冷漠。

"您好，我是保险公司的业务员，这是我的名片。"赵丽双手递上名片，心里有些发虚。

"推销保险？今天已经是第三个了。谢谢你，或许我会考虑，但现在我很忙。"老外的发音直直的，像线一样，听不出任何感情色彩。赵丽本来也不指望那天能卖出保险，所以毫不犹豫地说了声"sorry"就离开了。

如果不是她走到楼梯拐角处时下意识地回了一下头，或许她就这么走了，以后也不会有任何事情发生。

赵丽回了一下头，看见自己的名片被那个老外一撕，扔进了废纸篓里。赵丽感到非常气愤，于是她转身回去，用英语对那个老外说："先生，对不起，如果您不打算现在买保险的话，请问我可不可以要回我的名片？"

老外的眼中闪过一丝惊奇，旋即平静了，耸耸肩问她："why？"

"没有特别的原因，上面印有我的名字和职业，我想要回来。"

"对不起，小姐，你的名片让我不小心洒上墨水，不适合还给你了。"

"如果真的洒上墨水，也请您还给我好吗？"赵丽看了一眼废纸篓。

片刻，他仿佛有了好主意："OK，这样吧，请问你们印一张名片的费用是多少？"

"五毛，问这个干什么？"赵丽有些奇怪。

"OK, OK。"他拿出钱夹，在里面找了片刻，抽出一张一元的："小姐，真的很对不起，我没有五毛零钱，这张钞票算我赔偿你的名片，可以吗？"

赵丽想夺过那一块钱，撕个稀烂，告诉他她不稀罕他的破钱，告诉他她是有人格的。但是，她忍住了。

她礼貌地接过那一元钱，然后从包里抽出一张名片给了他："先生，很对不起，我也没有五毛的零钱，这张名片算我找给您的钱。请您看清我的职业和我的名字，这不是一个适合进废纸篓的职业，也不是一个应该进废纸篓的名字。"

说完这些，赵丽头也不回地转身走了。没想到，第二天赵丽就接到了那个外方经理的电话，约她去他公司。

赵丽几乎是趾高气扬地去了，打算再次和他理论一番。但是，他告诉赵丽的是，他打算从她这里为全体职工购买保险。

赵丽不卑不亢的做法最终使她赢得了外方经理的尊重，也书写了大大的"人"字。她并没有看到别人有地位、有金钱就不自觉地矮人一截，甚至对侵犯人格的举动视而不见，而是让对方明白了尊严的真正意义。因为自重，她赢得了尊重！

低调的人就是这样，他们能够正确认识、分析自我，明白自己的优势和劣势，不以自己的短处与人家的长处相比，更不以自己的劣势与人家的优势相论。他们能摆正自己的位置，摆脱"低人一等"的心理，发挥自己的所长，以平常之心对待，显出足够的自信，从而在处世过程中从容自如、游刃有余。

为什么小丑有时比主角更受欢迎

如果你丢不开面子，放不下尊严，没办法打破生涩，扮演不了在众人的嬉笑中不断进步的小丑，那么你只能成为生活的看客。

观看舞台剧，人们总是为了小丑的滑稽表演而欢呼。人们对于小丑的喜爱，有时候更多于对帅气的王子和美丽的公主的喜爱，这是为什么呢？

法国一家马戏团的经营者说："小丑的角色并不是很容易就能够扮演的，他需要表演者打破羞涩，敢于出丑。只有把观众逗乐了，你才是成功的，否则你就注定会失败。"敢于出丑是小丑表演者的必备因素，可能也是我们最为之心动的因素：我们喜欢小丑，是因为小丑敢于尝试很多日常生活中我们不敢去做的事情。

在生活中，人们都想使自己表现得聪明，都怕在众人面前出丑。这似乎是截然对立的两件事，聪明人绝不会出丑，出丑的人必然是笨蛋。然而，事实并非如此，并不是你不出丑就能变得聪明，也不是你不出丑就能获得成功。比如滑稽的小丑，虽然丑态百出，却能赢得观众赞许的掌声。所以，不要害怕出丑，也不要因为一时的出丑而觉得难堪、愧疚，因为只有勇于出丑，我们才能增加对自己的磨炼，才能离成功更近。

罗茜读书时网球打得不好，所以老是害怕打输，不敢与人对垒，至今她的网球技术仍然很蹩脚。罗茜有一个同班同学，开始时她的网球比罗茜打得还差，但她不怕被人打下场，越输越打，后来成了令人羡慕的网球手，成了大学网球代表队队员。

聪明令人羡慕，出丑总使人感到难堪。但聪明是无数次出丑中练就的，不敢出丑，就很难聪明起来。

那些勇敢地去干他们想干的事的人是值得赞赏的，即使有时在众人面前出了丑，他们还是洒脱地说："哦，这没什么！"就是这么一类人，他们还没学会反手球和正手球，就勇敢地走上网球场；他们还没学会基本舞步，就走下舞池寻找舞伴；他们甚至没有学会屈膝或控制滑板，就站上了滑道。

艾米只会说一点点可怜的法语，她却毅然飞往法国去做一次生意旅行。虽然人们曾告诫她：巴黎人对不会讲法语的人是很看不起的，但她坚持在展览馆、在咖啡店、在爱丽舍宫用法语与每个人交谈。她不怕结结巴巴，不怕语塞、出丑吗？一点也不。因为艾米发现，当法国人对她使用的虚拟语气大为震惊之后，许多人都热情地向她伸出手来，为她的"生活之乐"所感染，从她对生活的努力态度中得到极大的乐趣。他们为艾米喝彩。

不怕出丑的人还包括那些学习对他们来说并不容易的新学问的人。生活中有些人由于不愿成为初学者，就总是拒绝学习新东西。他们因为害怕"出丑"，宁愿放弃机会，限制自己的乐趣，禁锢自己的生活。

若要改变自己的生活，就必须冒出丑的风险，除非你决心在一个地方、一个水平上"钉死"了。不要担心出丑，否则你就会毫无出息，而且更重要的是，即使你不出丑，你同样不会心绪平静、生活舒畅，你会在囿于静止的生活与时时渴望变化的矛盾中饱受痛苦煎熬。我们也许应该记住这一点，由于我们害怕出丑，也许会失去许多生活中的机会而长久地感到后悔。我们应该记住一句法国成语："一个从不出丑的人并不是一个他自己想象的聪明人。"

PART 5

习惯千差万别，未来天壤之别

——打造好习惯，才能打造好命运

播下一种习惯，收获一种命运

有专家指出，一个人的日常活动，90％已通过不断地重复某个动作，在潜意识中，转化为程序化的惯性，也就是不用思考，便自动运作。这种自动运作的力量，即习惯的力量。一个动作，一个行为，多次重复，就能进入人的潜意识，变成习惯性动作。人的知识积累和才能增长、极限突破，等等，都是习惯性动作、行为不断重复的结果。

在我们的身上，好习惯与坏习惯并存，我们要改变自己的命运，走向成功，最重要的在于改变不良的习惯，培养并凭借好习惯的力量去搏击风浪。

养成一个好习惯，会使人受益终生；而形成一个不好的习惯，则可能会在不经意间毁了自己一生。其实不论是大事还是小事都是如此，小问题在某种程度上说，有时确实还没有导致大问题的形成，但"千里之堤，溃于蚁穴"，应谨记这个道理。

烦恼难断，而去除习气更难。坏的习惯使我们终生受患无穷。譬如，一个人脾气暴躁，出口伤人，习以为常，没有人缘，做事也就得不到帮助，成功的希望自然减少了。有的人养成吃喝嫖赌的恶习，倾家荡产、妻离子散，把幸福的人生断送在自己的手中。

更有一些人招摇撞骗、背信弃义，结果虽然骗得一时的享受，但是却把自己孤立于众人之外，让大家对他失去了信任。

现在有些品行不良的青少年，虽然家境颇为富裕，但是却染上坏习惯，以偷窃为乐趣，进而做出杀人抢劫的恶事，不但伤害了别人，也毁了自己。

坏习惯如同麻醉药，在不知不觉中会腐蚀我们的心灵，蚕食我们的生命，毁灭我们的幸福，怎么能够不谨慎戒备！

习惯的形成会导致良性循环与恶性循环，好习惯多了自然形成良性循环；而坏习惯多了会渐渐形成恶性循环。

人的一生都受日常习惯的影响，好的习惯、积极的习惯，会造就一个人好的结局。

有些人过于在意那些优秀的强者表现出来的天赋、智商、魅力和工作热情，实际上我们把那些表现归纳分析，就会发现其中存在一个简单的要点：那就是习惯。

无论我们是否愿意，习惯总是无孔不入，渗透在我们生活的方方面面。很少有人能够意识到，习惯的影响力竟如此之大。

人们日常活动的90%源自习惯和惯性。想想看，我们大多数的日常活动都只是习惯而已。我们几点钟起床，怎么洗澡、刷牙、穿衣、读报、吃早餐、驾车上班，等等，一天之内上演着几百种习惯。然而，习惯还并不仅仅是日常惯例那么简单，它的影响十分深远。如果不加控制，习惯将影响我们生活的所有方面。

小到啃指甲、挠头、握笔姿势以及双臂交叉等微不足道的事，大到一些关系到身体健康的事，比如，吃什么，吃多少，何时吃，运动项目是什么，锻炼时间长短，多久锻炼一次，等等。甚至我们与朋友交往，与家人和同事如何相处都是基于我们的习惯。再说得深一点，甚至连我们的性格都是习惯使然。既然习惯影响人的一生，我们就应该静下来思考一下，把自己身上的习惯进行归纳分类，发扬好的，抛弃坏的，使习惯成为我们成功路上的正力量。

习惯能成就一个人，也能毁灭一个人

成功者之所以成功，不是因为他们有着多么高的天赋和超常的才能，而是因为他们有着良好的习惯，并善于用良好的习惯来提高自己的工作效率，进而提高自己的生活品质。他们发现，好习惯能改变命运，使自己过上充实的生活；好习惯能使身心健康，邻里和睦，家庭幸福美满。这一切都来源于好习惯的力量。

一家大图书馆被烧之后，只有一本书被保存了下来，但并不是一本很有价值的书。一个识得几个字的穷人用几个铜板买下了这本书。这本书并不怎么有趣，但这里面却有一个非常有趣的东西，那是窄窄的一条羊皮纸，上面写着"点金石"的秘密。

点金石是一块小小的石子，它能将任何一种普通金属变成纯金。羊皮纸上的文字解释说，点金石就在黑海的海滩上，和成千上万的与它看起来一模一样的小石子混在一起，但秘密就在这儿。真正的点金石摸上去很温暖，而普通的石子摸上去是冰凉的。然后，这个人变卖了他为数不多的财产，买了一些简单的装备，在海边扎起帐篷，开始检验那些石子。这就是他的计划。

他知道，捡起一块普通的石子并且因为它摸上去冰凉就将其扔掉，他有可能几百次地捡拾起同一种石子。所以，当他摸着石子冰凉的时候，就将它扔进大海里。他这样干了一整天，却没有捡到一块是点金石的石子。然后他又这样干了1个星期、1个月、1年、3年……他还是没有找到点金石。然而他继续这样干下去，捡起一块石子，是凉的，将它扔进海里，又去捡起另一块，还是凉的，再把它扔进海里，又一块……

但是有一天上午他捡起了一块石子，而且这块石子是温暖的……他把它随手就扔进了海里。他已经形成了一种习惯——把他捡到的石子扔进海里。他已经如此习惯于做扔石子的动作，以至于当他真正想要的那一个到来时，他也还是将其扔进了海里。

习惯是一种顽强的力量，它可以主宰人的一生。因此，我们每个人都要养成良好的习惯，无论从学习到工作，从为人到处事，在我们生活的各个方面，如果养成良好的习惯，你就会受益终生。或许你习惯了懒懒散散、心灰意冷地过日子，或许你对抽烟、酗酒、拖延、懒惰等坏习惯熟视无睹，那么你就不要再慨叹生活对你的不公，你就不要说梦想很难实现，更不要说你的经历都很倒霉。归根到底这一切都是你的坏习惯在作祟。如果你永远抱着这种坏习惯不放，却还在想着成功，那真是难于上青天。

跳出你的习惯

旧的习惯被破除，新的习惯又在产生，只是我们深信："创新是创新者的通行证，习惯是习惯者的墓志铭。"

习惯是一种思维定式，习惯是一种行动的本能。我们习惯在早已习惯的轨道上滑行，我们习惯在习惯的人与事中穿梭。这种轻车熟路的感觉让人安逸舒适，这种美好愉悦的心境让人一路上看到的净是良辰美景。

我们不想改变，因为我们曾经成功过；我们不想改变，因为我们曾经受益于这些宝贵的经验。我们在习惯中自我陶醉，在习惯中慢慢老去……

但有一天，当掌声越来越稀少、鲜花越来越暗淡，在行走的道路上出现了不可逾越的高墙时，你才蓦然发现，你曾经的骄傲早已荡然无存。

曾经的经验变成了桎梏，昔日的模式已经过时。检讨自己，你会发现很多的失误源自你的习惯、你的固守。

我们曾经习惯靠指标生产，习惯靠粮票吃饭，习惯"一张报纸一支烟，一杯浓茶耗半天"的悠闲岁月。但"社会主义市场经济"的概念，促使我们彻底改变了旧有的习惯，我们开始学会在竞争中生存，开始学会在市场中觅食。我们的命运因此而改变。

我们曾经习惯用狂轰滥炸的广告打开市场销路，习惯在酒桌上赢得订单，习惯个人英雄主义式的决策与决断，习惯身先士卒，事无巨细的工作作风……不可否认的是，这些习惯并没有妨碍企业的成长。但是，当这些习惯不再与社会的发展产生共振，当这些习惯越来越成为企业发展的"肠梗阻"时，你必须跳出你的习惯，避免在一条道上走到黑的困境和尴尬。

尽管改变我们的习惯有困难甚至是痛苦，你也别再为自己的习惯堆砌无数的理由和美妙的词句。因为，在习惯与创新的碰撞面前，你别无选择。

成功从良好的习惯开始

孔子说："性相近也，习相远也。""少成若天性，习惯成自然。"意思是说，人的本性是很接近的，但由于习惯不同便相去甚远；小时候培养的品格就好像是天生就有的，长期养成的习惯就仿佛呼吸一般自然。

成功是从良好的习惯开始的，习惯成自然，从小养成良好的习惯可以比较轻松、毫不费力地获得成功。

富兰克林在他 27 岁的时候就为自己写下了 13 条生命中必须具备的美德作为座右铭。每天，他都拿出 1 条来评价自己的行为，而且一星期连续 7 天都力行同一条美德，以作为人生准则。13 条美德在 13 周完成一个轮回，就这样日复一日，他扎扎实实执行了 50 年。在 77 岁的时候，富兰克林回顾一生，认为在 57 岁时就与自己列的美德比较接近了。

富兰克林真正具有智慧的地方不是他的 13 条美德，而是他意识到良好习惯的养成绝非一朝一夕，只要将人生美德或者人生方向变成习惯性的动作就会成为自己理想中的成功之人。舞蹈皇后杨丽萍从小喜欢舞蹈，每次在学习之后都要求自己重复练习 10 次以上。日复一日，年复一年，这种习惯伴随她 10 年，10 年之后她成功了。

美国 NBA 篮球运动员迈克·乔丹，连续 7 年每天坚持练习

500 次基本动作，这种习惯使他成为空中飞人。

如果有条有理是一种成功的表现的话，那么，只要养成物归原位的习惯，成功自然就会水到渠成。

如果待人以诚是拓展人际关系的最佳策略，那么，把真诚变成自己的习惯，在与人交往中自然流露出真诚，人际关系就会越来越融洽。

例如，礼貌是一种好习惯，走到哪里都能够彬彬有礼、以礼相待的人一定会深受欢迎，拥有这种习惯的人则容易成功，相反，无礼就是一种坏习惯。

微笑是一种习惯，可以预先消除许多不必要的怨气，化解许多不必要的争执，而老是板起面孔的人走到哪里都会制造紧张气氛。

微笑是最好的习惯

史密斯是韩国一家小有名气的公司的总裁，十分年轻。他几乎具备了成功男人应该具备的所有优点：他有明确的人生目标，有不断克服困难、超越自己和别人的毅力与信心；他大步流星、雷厉风行，办事干脆利索、从不拖沓；他的嗓音深沉圆润，讲话切中要害；而且他总是显得雄心勃勃，富有朝气。他对于生活的认真与投入是有口皆碑的，而且，他对待同事们也很真诚，讲求公平对待，与他深交的人都为拥有这样一个好朋友而自豪。

但初次见到他的人却对他少有好感，这令熟知他的人大为吃惊。为什么呢？仔细观察后才发现，原来他几乎没有笑容。

他深沉严峻的脸上永远是炯炯的目光、紧闭的嘴唇和紧咬的牙关，即便在轻松的社交场合也是如此。他在舞池中优美的舞姿几乎令所有的女士心动，但却很少有人同他跳舞。公司的女员工见了他更是畏如虎豹，男员工对他的支持与认同也不是很多。而事实上他只是缺少了一样东西，一样足以致命的东西——一副动人的微笑的面孔。

一个人的面部表情亲切、温和、充满喜气，远比他穿着一套高档、华丽的衣服更吸引人注意，也更容易受人欢迎。

现实的工作、生活中，一个人对你满面冰霜、横眉冷对，另一个人对你面带笑容、温暖如春，他们同时向你请教一个工作上的问题，你更欢迎哪一个？当然是后者，你会毫不犹豫地对他知无不言，言无不尽，问一答十；而对前者，恐怕就恰恰相反了。

下面的这个例子就充分体现了微笑的力量。

"我为了替公司找一个电脑博士几乎伤透脑筋，最后我找到一个非常好的人选，刚刚从名牌大学毕业。几次电话交谈后，我知道还有几家公司也希望他去，而且都比我的公司大，比我的公司有名。当他表示接受这份工作时，我真的是非常高兴也非常意外。他开始上班后，我问他，为什么放弃其他更优厚的条件而选择我们公司？他停了一下，然后说：'我想是因为其他公司的经理在电话里是冷冰冰的，商业味很重，那使我觉得好像只是一次生意上的往来而已。但你的声音，听起来似乎真的希望我能成为你们公司的一员。因为我似乎看到，电话的那一边，你正在微笑着与我交谈。你可以相信，我在听电话的时候也是笑着的。'"

说话的是史密斯公司的总经理。

的确，如果说行动比语言更具有力量，那么微笑就是无声的行动，它所表示的是：我很满意你、你使我快乐、我很高兴见到你。"笑容是结束说话的最佳'句号'。"这话真是不假。

对人微笑是一种文明的表现，它显示出一种力量、涵养和暗示。一个刚刚学会微笑的中年领导干部说："自从我开始坚持对同事微笑之后，起初大家非常迷惑、惊异，后来就是欣喜、赞许，两个月来，我得到的快乐比过去一年中得到的满足感与成就感还要多。现在，我已养成了微笑的习惯，而且我发现人人都对我微笑，过去冷若冰霜的人，现在也热情友好起来。上周单位搞民主评议，我几乎获得了全票，这是我参加工作这么多年来从未有过的大喜事！"

有微笑面孔的人，就会有希望。因为一个人的笑容就是他好意的信使，他的笑容可以照亮所有看到它的人。没有人喜欢帮助那些整天皱着眉头、愁容满面的人，更不会信任他们。而对于那些承受着上司、同事、客户或家庭的压力的人，一个笑容却能帮助他们了解一切都是有希望的，也就是世界是有欢乐的。只要活着、忙着、工作着，就不能不微笑。

给不良习惯找个"天敌"

意识产生动机，动机产生行为，这需要有动力。改变习惯同样需要有动力，动力来自哪里？动力有哪几种呢？

一个智者把3个胆量不同的人领到了山涧的旁边，跟他们说："谁能够跳过这个山涧，我承认谁胆子大。"第一大胆的人跳了过去，得到了智者的赞美。其他两个人不跳，这时智者拿出一块金子，说谁能够跳过去他承认谁胆子大，第二大胆的人跳了过去。第三大胆的人还是不跳，这时此人后面出现了一头狮子，此人发现如果不跳会没命，一用力，也跳了过来。这3个人都能够跳过来，但使得他们能够跳过来的动力不同。

使人的行为发生的动力有两类：恐惧和诱因。行为发生了，是因为诱因足够；行为没有发生，是因为恐惧不够。如果一种习惯改变了，是因为诱因足够；如果一种习惯没有改变，则是因为恐惧不足。

恐惧比诱因具有更大的动力。你可以不为金钱利益所动，但是你害怕失去：害怕失去自由、害怕失去健康、害怕失去爱。所以马基雅维利说："恐惧比感激更能够维系忠诚。"

改变习惯需要动力，动力分为诱因或恐惧。不管是国外还是国内，在古代的时候，很多君主都是以威严来实现统治，即利用臣民对自己的敬畏达到统治的目的，让他们保持忠诚。

一个人要改变习惯真的很难，一个不喜欢学习的人要让他每天都去学习，他会觉得很不舒服。但是到了快要考试的时候，他就有了压力，考试不及格怎么办？如果考得好的话可以拿奖学金，对以后的推荐上研究生、出国、找工作都很有好处。面对恐惧和诱惑双重影响，他就会逼着自己改变习惯，因为他有了动力。

森林公园为了保护鹿，把狼赶走了。但是一些鹿却得病而死。得病的原因是缺少运动，为什么缺少运动？因为没有了天敌——狼，所以不用奔跑了。后来森林管理人员又把狼引进了公园，这样鹿们又恢复了健康。

不狠心，怎能改掉自己的恶习

我们虽有很多弱点，但我们不是弱者。积极心态的树立，将使我们很快地摆脱消极心理的阴影。要想成为一个快乐的强者，先从积极改变坏习惯开始吧。

本杰明·富兰克林是美国历史上最有影响力的伟人之一，他博学多才。他是科学家、作家、语言学家、发明家、画家、哲学家。他自修法文、西班牙文、意大利文、拉丁文，并引导美国走上独立之路。

但是，就连富兰克林也有不好的习惯，他自己很清楚这一点。与众不同的是，他会下决心想方设法改变它们。他不愧是一个发明家，他为自己制定了一个戒除恶习的妙方。他首先列出获得成功必不可少的 13 个条件：节制、沉默、秩序、果断、节俭、勤奋、诚恳、公正、中庸、清洁、平静、纯洁、谦逊。

在那本不朽的自传中，他提及了使用这个妙方的方法。"我打算获得这 13 种美德，并养成习惯。为了不致分散精力，我不指望一下子全做到，而要逐一进行，直到我能拥有全部美德为止。"

他的秘方中，有一点借鉴了毕达哥拉斯的忠告，每个人应该每日反省。他设计了第一套成功记录表：

"我制作了一个小册子，每一个美德占去一页，画好格子，在反省时若发现有当天未达到的地方，就用笔作个记号。"

妙方对这位伟人起了什么样的作用呢？

当富兰克林 79 岁时，写了整整 15 页纸，特别记叙了他的这一项伟大"发明"，因为他认为自己的一切成功与幸福皆受益于此。

富兰克林在自传中写道："我希望我的子孙后代能效仿这种方式，并有所收益。"

高山滑雪是人与环境以及时间的竞赛。每当我们看到输赢之间只差极短的时间时，就会不禁摇头同情那些输家。

第一名的时间是：1 分 37 秒 22。

第二名的时间是：1 分 37 秒 25。

也就是说，冠军与平庸之间，相差的时间只是眨眼的工夫。

到底冠军与输家之间有什么不同呢？运气？也许是。但也许冠军多下了一点点功夫，多花了一点点时间。也许冠军肯下功夫对付自己的坏习惯，直到把它从自己的行为中戒除掉。这样，他在高山滑雪时少用了一点点时间，而这就足以使他成功。

你是否也有一些坏习惯呢？它们是什么？是拖拉、放纵、懒惰、邋遢、坏脾气、缺乏毅力？还是……?

只要这些不良习惯存在，你就不可能有太大长进。

当你看到美元票面上的华盛顿的肖像时，看着他白色卷发映衬下那平静、自信、显示着自控能力的面庞时，你能想象出他年轻时曾有一头红发，脾气暴躁吗？

要是他没有学会靠自控力改变自己的坏习惯，那恐怕就无法成为叱咤风云、率领没有受过训练的民兵战胜乔治王军队的领袖，恐怕他也不会成为美国第一任总统。

习惯改变，人生也就改变

改变是不容易的，因为对一贯的做法已经习以为常，所以，人都有一种本能地抗拒改变的倾向。但是，对于阻碍成功、妨碍前进，以及对成长形成障碍的坏习惯必须改掉，所以，理智的做法就是正视改变、迎接改变、接受改变。

有一个寓言故事说，狗家族出了一条很有志气、很有抱负的小狗，它向整个家族宣布：去横穿大沙漠！所有的狗都跑来向它表示祝贺。在一片欢呼声中，这只小狗带足了食物、水，然后上路了。3天后，突然传来了小狗不幸牺牲的消息。

是什么原因使这只很有理想的小狗牺牲生命呢？检查食物，

还有很多；水不足吗？也不是，水壶还有水。后来，经过研究终于发现了小狗牺牲的秘密——小狗是被尿憋死的。

之所以被尿憋死是因为狗有一个习惯———一定要在树干旁撒尿。由于大沙漠中没有树，也没有电线杆，所以可怜的小狗一直憋了3天，终于被憋死了。

狗是如此，人呢？

狗是习惯的动物，同样人也是习惯的产物，习惯中的高级动物。

一个人的行为方式、生活习惯是多年养成的。比如，与人交往的形式、与人沟通的方式、与人相处的模式，都是多年累积慢慢形成的，因而，要想有所改变也同样需要长时间的磨炼。

如果把一只青蛙放到80℃的热水里，青蛙会立即跳出来；如果把一只青蛙放在冷水里，然后慢慢地把冷水加热到80℃，青蛙因为习惯水温而失去了对热水的敏感，不但不跳，而且被活活煮熟也不自知。

我们必须承认，在我们的身上或多或少都有一些不好的习惯。习惯是慢慢养成的，不管我们有没有意识到，这些习惯对我们的成功无疑是构成了潜在的威胁，因此，改变是必须的。特别是在知识经济年代，外界总是瞬息万变，原来已经形成的一些习惯理所当然因为这种改变而适应不了了，如不及时调整或改变，势必对成功造成不利影响。

习惯的力量无比巨大

习惯的力量是巨大的。1873年，美国发明家克利斯托弗发明了世界上第一台打字机，键盘完全是按照英文字母的顺序排列的。慢慢的，他发现打字的速度一旦加快，键槌就很容易被卡住。他的弟弟给他出了一个主意，建议他把常用字的键符分开布局，这样每次击键的时候，键槌就不会因为连续击打同一块区域而卡死。经过这样不规则的排列后，卡键的次数果然大大减少，但同时打字速度也减慢了。在推销打字机的时候，在利润的驱动下，克利斯托弗对客户说，这样的排列可以大大提高打字速度，结果所有人都相信了他的说法。现在，人们已经习惯了这样的键盘布局，并始终认为这的确能提高打字速度。

国外一些数学家经过研究得出结论，目前的排列是最笨拙的一种，凭借目前的技术已经解决了卡键问题，可现在出现第二种排列的键盘似乎不太可能，因为人们都习惯了。在强大的习惯面前，科学有时也会变得束手无策。

说起来你可能不信，一根矮矮的柱子，一条细细的链子，竟能拴住一头重达千斤的大象，可这令人难以置信的景象在印度和泰国随处可见。原来那些驯象人在大象还是小象的时候，就用一条铁链把它绑在柱子上。由于力量尚未长成，无论小象怎样挣扎都无法摆脱锁链的束缚，于是小象渐渐地习惯了而不再挣扎，直到长成了庞然大物，虽然它此时可以轻而易举地挣脱链子，但是大象依然选择了放弃挣扎，因为在它的惯性思维里，它仍然认为摆脱链子是永远不可能的。

小象是被实实在在的链子绑住的，而大象则是被看不见的习惯绑住的。

可见，习惯虽小，却影响深远。习惯对我们的生活有绝对的影响，因为它是一贯的。在不知不觉中，习惯经年累月地影响着我们的品德，决定我们思维和行为的方式，左右着我们的成败。看看我们自己，看看我们周围，好习惯造就了多少辉煌成果，而坏习惯又毁掉了多少美好的人生！习惯一旦形成，就极具稳定性。生理上的习惯左右着我们的行为方式，决定我们的生活起居；心理上的习惯左右着我们的思维方式，决定我们的接人待物。当我们的命运面临抉择时，是习惯帮我们做的决定。

卓越是一种习惯，平庸也是一种习惯

在我们的工作和生活中，有很多效率低下的例子。例如有些人只知道一味地例行公事，而不顾做事的实际效果；他们总是采取一种被动的、机械的工作方式。在这种状态下工作的人，往往缺乏主观能动性和创造性，在工作中不思进取、敷衍塞责，总是为自己找借口，无休止地拖延……

另一方面，我们也可以看到很多做事高效的例子。例如有些人做起事来注重目标，注重程序，他们在工作中往往采取一种主动而积极的方式。他们工作起来对目标和结果负责，做事有主见，善于创造性地开展工作；工作中出现困难的时候会积极地寻找办法，勇于承担责任，无论做什么总是会给自己的上司一个满意的答复。

举一个例子来说吧，某公司的一位服务秘书接到服务单，客户要装一台打印机，但服务单上没有注明是否要配插线，这时，服务秘书有3种做法：

（1）开派工单。

（2）电话提醒一下商务秘书，看是否要配插线，然后等对方回话。

（3）直接打电话给客户，询问是否要配插线，若需要，就

配齐给客户送过去。

第一种做法，可能导致客户的打印机无法使用，引起客户的不满；第二种做法，可能会延误工作速度，影响服务质量；第三种做法，既能避免工作失误，又不会影响工作效率。

显然，第三种做法就是一个高效做事的例子。

高效能人士与做事缺乏效率的人的一个重要区别在于：前者是主动工作、善于思考、主动找方法的人，他们既对过程负责，又对结果负责；而后者只是被动地等待工作，敷衍塞责，遇到困难只会抱怨，寻找借口。

另外，高效能人士不仅善于高效工作，同时也深谙平衡工作与生活的艺术。他们既不会为工作所苦，也不为生活所累。他们不是一个不重结果、被动做事的"问题员工"，也不是一个执著于工作，忽视了生活、整日为效率所苦的"工作狂"。

一个游刃于工作与生活之中的高效能人士应当具备很多素质，比如"做事有目标"，"能够正确地思考问题"，"是一个解决问题的高手"，"重视细节"，"高效利用时间"，"勇于承担责任，不找借口"，"正确应对工作压力"，"善于把握工作与生活的平衡"，"善于沟通交际"，"拥有双赢思维"等等。

一位哲人说过："播下一种思想，收获一种行为；播下一种行为，收获一种习惯；播下一种习惯，收获一种性格；播下一种性格，收获一种命运。"要不断提升自己的素质，做一名合格的高效能人士，就要养成正确的工作和生活的习惯。

成功的习惯重在培养

美国学者特尔曼从 1928 年起对 1500 名儿童进行了长期的追踪研究，发现这些"天才"儿童平均年龄为 7 岁，平均智商为 130。成年之后，又对其中最有成就的 20% 和没有什么成就的 20% 进行分析比较，结果发现，他们成年后之所以产生明显差异，其主要原因就是前者有良好的学习习惯、强烈的进取精神和顽强的毅力，而后者则甚为缺乏。

习惯是经过重复或练习而巩固下来的思维模式和行为方式，例如，人们长期养成的学习习惯、生活习惯、工作习惯等。"习惯养得好，终身受其益"；"少小若无性，习惯成自然"。习惯是由重复制造出来，并根据自然法则养成的。

孩子从小养成良好的习惯，能促进他们的生长发育，更好地获取知识，发展智力。良好的学习习惯能提高孩子的活动效率，保证学习任务的顺利完成。从这个意义上说，它是孩子今后事业成功的首要条件。

但是习惯是从哪里来的呢？

习惯是自己培养起来的。当你不断地重复一件事情，最后就有了应该和不应该，开始形成了所谓的真理，但是你还有更多的事情没有接触到。

习惯应该是你帮助自己的工具，你需要利用自己的习惯来更好地生活，如果哪个习惯阻碍了你实现这样的目标，那么就该抛弃这样的坏习惯。

下面是培养良好习惯的过程与规则：

1. 在培养一个新习惯之初，把力量和热忱注入你的感情之中。对于你所想的，要有深刻的感受。记住：你正在采取建造新的心灵道路的最初几个步骤，万事开头难。一开始，你就要尽可能地使这条道路既干净又清楚，下一次你想要寻找及走上这条小径时，就可以很轻易地看出这条道路来。

2. 把你的注意力集中在新道路的修建工作上，使你的意识不再去注意旧的道路，以免使你又想走上旧的道路。不要再去想旧路上的事情，把它们全部忘掉，你只要考虑新建的道路就可以了。

3. 可能的话，要尽量在你新建的道路上行走。你要自己制造机会来走上这条新路，不要等机会自动在你跟前出现。你在新路上行走的次数越多，它们就能越快被踏平，更有利于行走。一开始，

你就要制订一些计划，准备走上新的习惯道路。

4. 过去已经走过的道路比较好走，因此，你一定要抗拒走上这些旧路的诱惑。你每抵抗一次这种诱惑，就会变得更为坚强，下次也就更容易抗拒这种诱惑。但是，你每向这种诱惑屈服一次，就会更容易在下一次屈服，以后将更难以抗拒诱惑。你将在一开始就面临一次战斗，这是重要时刻，你必须在一开始就证明你的决心、毅力与意志力。

5. 要确信你已找出正确的途径，把它当做是你的明确目标，然后毫无畏惧地前进，不要使自己产生怀疑。着手进行你的工作，不要往后看。选定你的目标，然后修建一条又好、又宽、又深的道路，直接通向这个目标。

你已经注意到了，习惯与自我暗示之间存在着很密切的关系。根据习惯而一再以相同的态度重复进行的一项行为，我们将会自动地或不知不觉地进行这项行为。例如，在弹奏钢琴时，钢琴家

可以一面弹奏他所熟悉的一段曲子，一面在脑中想着其他的事情。

自我暗示是我们用来挖掘心理道路的工具，"专心"就是握住这个工具的手，而"习惯"则是这条心理道路的路线图或蓝图。要想把某种想法或欲望转变成为行动或事实，之前必须忠实而固执地将它保存在意识之中，一直等到习惯将它变成永久性的形式为止。

成功，需要培养，不是想成功就可以成功的，这是一个长时间的积累和历练，所以世界上成功的人总是少数，想要成功就要从最基本的开始，一步一个脚印，踏踏实实地做好自己该做的，成功总会来的。

PART 6

你要去相信，没有到达不了的明天

——机遇，给搭好舞台的人

成功的人生，始于准确地判断并抓住机会

成就成功者的因素有很多，但是归纳起来不外乎实力和机遇。很多人把修炼内功当成头等大事，这本来不错，但也有点"傻"，有时候修炼内功的过程中，也会出现好的机遇，如果你一定要等到自己功夫到家的时候再出山，很可能已经换了天下了。

其实很多人都是在"修行"的过程中抓住了机遇，才平步青云的。比如最初走上电视屏幕的主持人芭芭拉·沃尔特斯与男主持人哈里·里勒森共同主持晚间新闻时，大家都觉得这是新闻联播的娱乐化，并对此表示质疑。

当女性新闻特派记者和主播出现在美国的电视屏幕上时，女性电视节目主持人开始增加。但在当时以男性为主导的电视圈里，女性主持的节目多为以生活方式、人物、家庭、教育之类内容为主的专栏；更为可悲的是，当时电视界对女性的才华并不认可，即使有女性主播或特派记者在严肃新闻领域有突出的表现，也往往被认为是靠容貌取胜。因此，当美国广播公司以百万年薪聘请芭芭拉·沃尔特斯与男主持人哈里·里勒森共同主持晚间新闻时，大家都觉得这是新闻联播的娱乐化。

除了电视行业的一片骂声之外，更让人伤心的是，与她搭档

的男主持人哈勒·里勒森毫不掩饰地对沃尔特斯表示反感。里勒
森是一个资深的新闻行家，他每天从街上喝完咖啡回来，进入办
公室之后和沃尔斯特一句话都不讲，唯一理会她的是化妆师，
她常常委屈地流眼泪，化妆师就劝她："别哭了，你把妆都弄
花了。"

　　很多观众都对一个女人主持晚间新闻感到别扭，沃尔特斯
百万美元的年薪也让很多人感到不舒服。"谁都不愿理我，我只
好离开那里。这太可怕了！"破纪录的薪水和耀眼的记者地位，
与公开遭到拒绝交织在一起，沃尔特斯面临了空前的"反芭芭拉"

运动，结果她只好从晚间新闻中退出。她的性别，她口音中浓重的"r"音都成为周围人的攻击的把柄。"每天都有可怕的新闻等着我，我只有回家才能逃脱，我觉得我完蛋了，感到没有生活保护者而遭受到没顶之灾。"

幸好 ABC 新闻社总裁看出她的窘境，并愿意出手相救。他让一些主持人到华盛顿、芝加哥和伦敦等地去发展，当然，那个拒绝和沃尔特斯合作的最大的明星主持里勒森不愿意留下，他辞职另谋出路。为了证明 ABC 没有白花钱雇她，沃尔特斯开始强迫自己搞到更大的新闻。"我不能后退。"她说，那段时间，她做出了一生中最多的新闻，她到古巴采访卡斯特罗；到巴拿马采访领导人奥马尔·赫雷拉；她采访以色列总理贝京和埃及总统萨达特。尽管这样劳碌奔波也还是要忍受失败带来的耻辱，但她总算是站住了脚跟。

芭芭拉·沃尔特斯的成功在于，她在绝望的时候获得了一个翻身的机会，而她自己也拼尽全力去抓住这个机会。如果因为害怕就主动放弃，她永远也不会在电视行业出人头地了。别人的成功轨迹看来轻松，但他走的路和用的心，是我们所不知的。只有一条可以确定：任何成功的人生，都是从准确地判断并抓住机遇开始的。

机遇可以等待，但也可以创造

诺贝尔的一生和炸药紧密相连，炸药带给他欢乐，也带给他痛苦，带给他责骂，也带给他赞扬。

诺贝尔的父亲就是一个炸药爱好者，很小的时候，诺贝尔就看见父亲研究炸药。父亲研制的水雷曾被俄军用于克里米亚战争中，用来阻挡英国舰队的前进。由于父亲经常换工作，诺贝尔所受的教育多半来自家庭教师。

17岁时，诺贝尔以工程师的名义到了美国，在有名的艾利逊工程师的工场里实习。实习期满后，他又到欧美各国考察了四年，才回到家中。不久，父亲从俄国搬回瑞典。当时正是采矿业发展的时期，对性能稳定的炸药需求旺盛，诺贝尔决定改进炸药生产。

在诺贝尔之前，中国"四大发明"之一的黑色火药早已传到欧洲。但黑色火药的威力不够大，而另一种新的炸药又是个"爆脾气"，容易爆炸，制造、存放和运输都很危险，人们不知道该怎么使用它。诺贝尔的哥哥曾试图制造出更好的炸药，但却没有实用价值。诺贝尔和他的弟弟一起建立了实验室，继续哥哥的研究。经过多次的试验，诺贝尔终于发明了使硝化甘油爆炸的有效方法，并取得了这项发明的专利权。初获成功之后，意外却降临了。1864年9月3日，实验室发生爆炸，当场炸死了五人，其中包括诺贝尔的弟弟。这场事故不仅让诺贝尔失去了亲人，也失去了邻居们的信任。再也没有人愿意让他在附近办实验室，诺贝尔只好把设备转移到一只船上。几经波折，诺贝尔还是建造了世界上第一个硝化甘油工厂。

但这并不是故事的结尾。世界各国买了他制造的硝化甘油，经常发生爆炸事故：美国的一列火车，因炸药爆炸，成了一堆废铁；德国的一家工厂，因炸药爆炸，厂房和附近民房变成一片废墟；"欧罗巴"号海轮，在大西洋上遇到大风颠簸，引起硝化甘油爆炸，船沉人亡。世界各国对硝化甘油失去信心，但诺贝尔没有灰心，而是去想办法解决硝化甘油不稳定的问题。

1867年7月14日，诺贝尔拉来火药需求商，在他们面前表演了一个重要的节目：他先在一箱安全炸药上点燃木柴，结果没有爆炸；再把一箱安全炸药从大约20米高的山崖上扔下去，结果，也没有爆炸；然后，他在石洞中装入安全炸药，用雷管引爆，结果都爆炸了。这次实验，获得了完全的成功，给参观的人留下了深刻的印象：诺贝尔的安全炸药，确实是安全的。不久，诺贝尔建立了安全炸药托拉斯，向全世界推销这种炸药。

如果诺贝尔等着客户来找自己，他可能永远都在自己的小山沟中做实验，走不出实验的范畴。但是既然没有人找到他，他就把别人找过来。炸药的安全性不需要多言，通过对比就一目了然了，别人看了他的炸药，还有什么好怀疑的呢？诺贝尔的故事适合那些自认为怀才不遇的人，当你真的有才华的时候，就要创造机会来表现自己的才华！事实上，绝大部分人的成功都是靠自己争取得来的，坐等机会的人，最终很少能遇到天时地利的时候。

机遇只青睐那些有准备的头脑

天下没有免费的午餐，机遇总是偏爱那些有准备的人。这两句话并不矛盾，所有的机会都是公平的，但并不表示所有人把握机会的概率是相同的，有准备的人自然是几率大很多。

在西方流传着这样一个故事：

许多年前，一位聪明的国王召集了一群聪明的臣子，给了他们一个任务："我要你们编一本各时代的智慧录，好流传给子孙。"这些聪明人离开国王后，工作了很长一段时间，最后完成了一本十二卷的巨作。

国王看了以后说："各位先生，我确信这是各时代的智慧结晶，然而，它太厚了，我怕人们不会读，把它浓缩一下吧。"这些聪明人又长期努力地工作，几经删减之后，完成了一卷书。然而，国王还是认为太长了，又命令他们再浓缩，这些聪明人把一卷书浓缩为一章，又浓缩为一页，然后减为一段，最后变为一句话。

国王看到这句话后，显得很得意。"各位先生，"他说，"这真是各时代智慧的结晶，并且各地的人一旦知道这个真理，我们大部分的问题就可以解决了。"

这句话就是："天下没有白吃的午餐。"

第一个进入太空的中国人杨利伟，为什么那么幸运？听听他的话我们就能明白："现在我一闭上眼睛，座舱里所有仪表、电门的位置都能想得清清楚楚；随便说出舱里的一个设备名称，我马上可以想到它的颜色、位置、作用；操作时要求看的操作手册，我都能背诵下来，如果遇到特殊情况，我不看手册，也完全能处理好。"如果不是经过魔鬼训练的重重考验，他怎么能在众多的后备人选中把握住这个机会呢？

我们中国人做事讲究"天时、地利、人和"，充分的准备用现在的话来说，不外乎这些因素：

1. 创新意识

机遇是意外的、异常的，因而用常规方法抓住机遇是很困难的，这就需要有创新意识，能不断寻求新的对策和方法。

2. 判断力

在人们发现的机遇中，并不是每一个意外情况都有价值，都值得探索，都有成功的希望。这就需要准确判断，从各种机遇中抓住有希望的线索，抓住有价值、有潜在意义的线索。这一点对于确定是否进一步追究机遇所提供的线索有决定性意义。

3. 观察力

具有敏锐的观察力，才能及时捕捉到看起来微不足道的偶然事件。

4. 事业心

只有把自己的思想和行为与事业紧密相连的人，才有可能把机遇与发展事业、搞好工作联系起来，为了事业而刻意求索。头脑的准备，不仅是心理、意识的准备，而且还包括经验和知识的准备。因为处理机遇很难像一般事务那样有计划、有目的、有步骤，主要是凭自身的经验、知识的积累进行决策，因此你必须有丰富的经验、渊博的知识与合理的知识结构，这样，在机遇出现时，才能触类旁通，引起注意，努力思考，做出判断。现代社会竞争日趋激烈，一个机遇往往被几个人同时捕捉。在这种情况下，究竟谁能把捕捉到的机遇利用起来，这就要取决于实力的对比和竞争了。要取得随机决策的成功，机会和实力两个条件缺一不可。"机遇只偏爱有准备的头脑"，这是一句早为人们所熟稔的名言，其中所包含的朴素真理一次次为实践所证实。要想牢牢抓住机遇，就为机遇的来临做好准备吧。

风险的背后，就是机会和成功

并不是每一个机会都是带着桂冠来我们身边的，有些机遇往往披着危险面罩，使得很多只看表面的人望而却步。然而那些善于思考的人，往往能变"危机"为"良机"。

据有关媒体报道，2009 年，经济危机的影响将全面来临。与1873 年、1929 年的经济危机不同的是，1873 年只是美国国内的经济危机，1929 则是西方国家的经济危机，而 2009 年，是全球性的经济危机。

危机来临，股票狂跌、市场疲软、无数企业倒闭、工人失业、大学生就业困难，人们的生活陷入了混乱之中。但是，当危机肆虐的时候，难道我们就没有应对它的法宝了吗？答案是否定的。

从"危机"一词的组合中我们可以看出：危险中往往蕴藏着新的机会。那些善于思考的人，往往能变"危机"为"良机"。这里有三个故事，也许会给面临金融危机的我们一些启发：

第一个故事：

从前有一座名城最繁华的街市失火，火势迅猛蔓延，数以万计的房屋商铺在一片火海之中顷刻之间化为废墟。有一位富商苦心经营了大半生的几间当铺和珠宝店，也恰在那条闹市中。火势越来越猛，他大半辈子的心血眼看毁于一旦，但是他并没有让伙计和奴仆冲进火海，舍命抢救珠宝财物，而是不慌不忙地指挥他

35 岁前，搭建属于自己的舞台：
当你的才华还撑不起你的梦想时该做的事

们迅速撤离，一副听天由命的神态，令众人大惑不解。然后他不动声色地派人从家乡河流的沿岸平价购回大量木材、石灰。当这些材料像小山一样堆起来的时候，他又归于沉寂，整天逍遥自在，好像失火压根儿与他毫不相干。

大火烧了数十日之后被扑灭了，但是曾经车水马龙的城市，大半个城已经是墙倒房塌，一片狼藉。不几日，宫廷颁旨：重建这座城市，凡销售建筑用材者一律免税。于是城内一时大兴土木，建筑用材供不应求，价格陡涨。这个商人趁机抛售建材，获利颇丰，其数额远远大于被火灾焚毁的财产。

第二个故事：

有位经营肉食品的老板，在报纸上看到这么一则毫不起眼的消息：墨西哥发生类似瘟疫的流行病。他立即想到墨西哥瘟疫一旦流行起来，一定会传到美国，而与墨西哥相邻的两个州是美国肉食品的主要供应基地。

如果发生瘟疫，肉类食品供应必然紧张，肉价定会飞涨。于是他先派人去墨西哥探得真情后，立即调集大量资金购买大批菜牛和肉猪饲养起来。过了不久，墨西哥的瘟疫果然传到了美国这两个州，市场肉价立即飞涨。时机成熟了，他大量售出菜牛和肉猪，净赚百万美元。

第三个故事：

19 世纪美国加州发现金矿的消息使得数百万人涌向那里淘金。17 岁的小女孩雅木尔也加入了这个行列。一时间加州的淘金者面临着水源奇缺的威胁。人们大多数都没有淘到金，小雅木尔也未淘到金。可细心的小雅木尔却发现，远处的山上有水。她在山脚下挖开引渠，积水成塘，然后，她将水装进小桶里，每天跑几十里路卖水，不再去淘金，做没有成本的买卖，生意极好，可淘金者当中有不少人嘲笑她。许多年过去了，大部分淘金者空手而归，而雅木尔却获得了6700万美元，成为当时很富有的人。任何危机都蕴藏着新的机会，这是一条颠扑不破的人生真理。很多时候看起来毫无价值的信息，在会思考的人心中就是一个好机会。受苦的人会把不幸当成人生的痛苦，而积极向上的人总是能把苦难当成自己飞得更高的财富。

挑战自我，多给自己一个机会

美西战争爆发之时，美国总统必须马上与古巴的起义军将领加西亚取得联络。加西亚在古巴的大山里——没有人知道他的确切位置，可美国总统必须尽快得到他的合作。

有什么办法呢？

有人对总统说："如果有人能够找到加西亚的话，那么这个人一定是罗文。"于是总统把罗文找来，交给他一封写给加西亚将军的信。至于罗文中尉如何拿了信，用油纸袋包装好，上了封，放在胸口藏好；如何坐了四天的船到达古巴，再经过三个星期，徒步穿过这个危机四伏的岛国，终于把那封信送给加西亚——这

我们每个人都可以把自己的
目标当成一次挑战自己的机会，
也是实现自我、突破自己的机会。

些细节都不重要。

重要的是，美国总统把一封写给加西亚的信交给罗文，罗文接过信之后并没有问："他在什么地方？"

像罗文中尉这样的人，值得拥有一尊塑像，放在所有的大学里。太多人所需要的不仅仅是从书本上学习来的知识，也不仅仅是他人的一些教诲，而是要铸就一种精神：积极主动、全力以赴地完成任务——"把信送给加西亚"。

阿尔伯特·哈伯德所写的《把信送给加西亚》一书首次发表是在1899年，随后就风靡了整个世界。不仅是因为每一个领导都喜欢罗文这样的下属，更因为每一个人都从心底佩服罗文，佩服这个主动挑战任务的人。现代企业，迫切需要罗文，需要具有责任心和自动自发精神的好员工！而我们的人生，也同样渴望罗文精神。

彼得和查理一起进入一家快餐店，当上了服务员。他俩的年龄一样，也拿着同样的薪水，可是工作时间不长，彼得就得到了老板的褒奖，很快被加薪，而查理仍然在原地踏步。面对查理和周围人士的牢骚与不解，老板让他们站在一旁，看看彼得是如何完成服务工作的。在冷饮柜台前，顾客走过来要一杯麦乳混合饮料。

彼得微笑着对顾客说："先生，你愿意在饮料中加入一个还是两个鸡蛋呢？"

顾客说："哦，一个就够了。"

这样快餐店就多卖出一个鸡蛋。在麦乳饮料中加一个鸡蛋通常是要额外收钱的。

看完彼得的工作后，经理说道："据我观察，我们大多数服务员是这样提问的：'先生，你愿意在你的饮料中加一个鸡蛋吗？'而这时顾客的回答通常是：'哦，不，谢谢。'对于一个能够在工作中主动解决问题、主动完善自身的员工，我没有理由不给他加薪。"

其实这个道理很简单：比别人多努力一些、多思考一些，就会拥有更多的机会。

对很多人来说，每天的工作可能是一种负担、一项不得不完成的任务，他们并没有做到工作所要求的那么多、那么好。对每一个企业和老板而言，他们需要的绝不是那种仅仅遵守纪律、循规蹈矩，却缺乏热情和责任感，不够积极主动、自动自发的人。

工作需要自动自发，而那些整天抱怨工作的人，是永远都不会"把信送给加西亚"的，他们或者出发前就胆怯了；或者遇到苦难而中途放弃；或者弄丢了这封重要的信，害怕惩罚而逃走；或者被敌人发现，背叛写信人。这样的人是非常狭隘的，他的人生又能有多广阔？

其实，我们每个人都可以把自己的目标当成一次"把信送给加西亚"的任务，这是一次挑战自己的机会，也是实现自我、突破自己的机会。

机遇没有彩排，只有直播

许多人坐等机会，希望好运从天而降，这些人往往难成大事。成功者积极准备，一旦机会降临，便能牢牢地把握。机遇对于每个人来说，没有彩排，只有直播，你没有把握住的话，只能等着自己出丑。

有个年轻人，想发财想得发疯。一天，他听说附近深山里有位白发老人，若有缘与他相见，则有求必应，肯定不会空手而归。于是，那个年轻人便连夜收拾行李，赶上山去。他在那儿苦等了五天，终于见到了那个传说中的老人，他求老者给他好运。老人告诉他说："每天清晨，太阳未东升时，你到海边的沙滩上寻找一粒'心愿石'。其他石头是冷的，而那颗'心愿石'却与众不同，握在手里，你会感到很温暖而且会发光。一旦你寻找到那颗'心愿石'后，你所祈愿的东西就可以实现了！"

每天清晨，那个年轻人便在海滩上捡石头，发觉不温暖又不发光的，他便丢下海去。日复一日，月复一月，那个年轻人在沙滩上寻找了大半年，却始终也没找到温暖发光的"心愿石"。

有一天，他如往常一样，在沙滩开始捡石头。一发觉不是"心愿石"，他便丢下海去。一粒、二粒、三粒……

突然，年轻人大哭起来，因为他突然意识到：刚才他习惯性地扔出去的那块石头是"温暖"的……

当机遇到来时，如果你没有提前为机会做好准备，就会和这个年轻人一样将它习惯性地丢掉，与它失之交臂。生活中不是机遇少，只是我们对机遇视而不见。

这就和许多发明创造一样，看起来是偶然，其实那些发现和发明并非偶然得来的，更不是因为什么灵机一动或运气极佳。事实上，在大多数情形下，这些在常人看来纯属偶然的事件，不过是从事该项研究的人长期苦思冥想的结果。

人们常常引用苹果砸在牛顿的脑袋上，导致他发现万有引力定律这一例子，来说明所谓纯粹偶然事件在发现中的巨大作用。但人们却忽视了，多年来，牛顿一直在为重力问题苦苦思索、研究这一现象的艰辛过程。苹果落地这一常见的日常生活现象之所以为常人所不在意，而能激起牛顿对重力问题的理解，能激起他灵感的火花并进一步对比作出异常深刻的解释，这是因为牛顿对重力问题有深刻的理解的结果。生活中，成千上万个苹果从树上掉下来，却很少有人能像牛顿那样阐发出深刻的定律来。

同样，从普通烟斗里冒出来的五光十色像肥皂泡一样的小泡泡，这在常人眼里就跟空气一样普通，但正是这一现象使杨格博士创立了著名的光干扰原理，并由此发现了光衍射现象。

人们总认为伟大的发明家总是论及一些十分伟大的事件或奥秘，其实像牛顿和杨格以及其他许多科学家，他们都是研究一些极普通的现象。他们的过人之处在于能从这些人所共见的普遍现象中揭示其内在的、本质的联系，而这些都是凭着他们的全力以赴钻研得来的。只有这样为机遇做好了充分的准备，才能发现机遇，进而更好地抓住机遇。

所罗门说过："智者的眼睛长在头上，而愚者的眼睛是长在脊背上的。"心灵比眼睛看到的东西更多。有些人走上成功之路，不乏来自于偶然的机遇。然而就他们本身来说，他们确实具备了获得成功机遇的才能。

好运气更偏爱那些努力工作的人。没有充分的准备和大量的汗水，机会就会眼睁睁地从身边溜走。想要抓住机遇，意味着需要你忍受无法忍受的艰苦和穷困，以及献身工作的漫漫长夜。只有为所从事的工作有充分的准备时，机会才会来临。

拿破仑·希尔说，任何人只要能够定下一个明确的目标，坚守这个目标，时时刻刻把这个目标记在心中，那么，必然会获得意想不到的结果。

在日常生活中，常常会发生各种各样的事，有些事使人大吃一惊，有些事却毫无惊人之处。一般而言，使人大吃一惊的事会使人倍加关注，而平淡无奇的事往往不被人所注意，但它却可能包含着重要的意义。一个有敏锐洞察力的人，他会独具慧眼，留心周围小事的重要意义。人们也不能把目光完全局限于"小事"上，而是要"小中见大""见微知著"。只有这样，才能有更多发现机遇的机会。

我们应当随时为机遇做好热身，努力向着自己的目标奋斗，为目标准备，才能够在机会来临的时候大显身手，否则在机会来临的时候自己手忙脚乱，或者不知所措，只能让机会白白地从身边溜走。人不能躺在那里等待机遇，只有事先做好充分的准备，在机遇来临时才有可能抓住机遇，获得成功。

机遇是靠自己争取的

索富克勒斯这样说过："机会要靠自己争取，机会是一切努力之中最杰出的船长。"而比尔·盖茨曾教导微软的员工："只要你善于观察，你的周围到处都存在着机会；只要你善于倾听，你总会听到那些渴求帮助的人越来越弱的呼声；只要你有一颗仁爱之心，你就不会仅仅为了私人利益而工作；只要你肯伸出自己的手，永远都会有高尚的事业等待你去开创。"比尔·盖茨之所以能开创辉煌的事业，是因为他总是能够全力以赴，并以他独特的眼光捉住身边转瞬即逝的机会。

生活中许多人常常会舍近求远，到远处去寻找自己身边就有的东西。而机遇往往就在你的脚下。

有这样一个故事。

一位船长讲述道："天正渐渐地黑下来。海上风很大，海浪滔天，一浪比一浪高。有一天晚上我们碰到了不幸的中美洲号，我给那艘破旧的汽船发了个信号打招呼，问他们需不需要帮忙。

"'情况正变得越来越糟糕，'中美洲号的亨顿船长朝着我喊道。'那你要不要把所有的乘客先转移到我船上来呢？'我大声地问他。'现在不要紧，你明天早上再来帮我好不好？'他回答道。'好吧，我尽力而为，试一试吧。可是你现在先把乘客转到我船上不更好吗？'我问他。'你还是明天早上再来帮我吧。'他依旧坚持道。

"我曾经试图向他靠近，但是，你知道，那时是在晚上，夜又黑，浪又大，我怎么也无法固定自己的位置。后来我就再也没有见到过中美洲号。就在他与我对话后的一个半小时，他的船连同船上那些鲜活的生命就永远地沉入了海底。船长和他的船员以及大部分的乘客在海洋的深处为自己找到了最安静的坟墓。"

救援船曾经离他咫尺，他却没有抓住这个机会，在他面对死神的最后时刻，深深的自责又有什么用？他的盲目乐观与优柔寡断使得许多乘客成为牺牲品！

其实，在我们的生活当中，有很多像亨顿船长这样的人，只有在失去之后，才幡然悔悟，认同了那句古老的格言"机不可失，时不再来"。然而，这时一切已经太迟了。

善于利用机会就如同给成功埋下了一粒种子，终有一天，这些种子会生根、发芽、结果，这样给他们自己或是别人带来更多的机会。每个一步一个脚印、踏踏实实工作的人其实正在离机会与幸福越来越近，可以选择的道路也会越来越宽，越来越平坦。只有运用自己的主动性不断向机会靠近，才能赢得机会。

机会的大门向所有的人都是敞开的，无论是头脑清醒、生活节俭、年富力强的科学家，还是温文尔雅的学生，无论是谨慎细致的公务员，还是兢兢业业的公司职员，机会的存在形式都是一样的。成功的机会是无限的，在每一个行业中都有无数的机会，但是，每个机会都是稍纵即逝的，除非有人抓住它，并善加利用。

每当面对困难时，不妨停下来问问自己："这个困难之中，可能藏有什么机会呢？"当你发现了机会，你就超越你的对手了。常常有人终其一生在等待一个完美的机会自动送上门，这样他们便可以拥有光荣的时刻。直到他们了解，每一个机会都属于那些主动寻找的人，才后悔不该坐等机会的到来！

如果你对你的未来有具体的计划，不要犹豫了！别蹉跎空候，也别期望成功会自然到来，当你确定自己所要的是什么，全力以赴地去争取，只有这样你才有成功的希望。只有不负责任的人才总是抱怨自己没有机会，没有时间；而那些永远在孜孜不倦地工作着、努力着的人能够从琐碎的小事中找到机会，并紧紧抓住细小的机会，去利用它们完成自己的计划。

每个人的体内都包含了诚实的品质、热切的愿望和坚忍的品格，这些都让人们有成就自己的可能；人们的前方还有无数伟人的足迹在引导着、激励着人们不断前行；而且，每一个新的时刻都给人们带来许多未知的机遇。一个聪明的人，只要把握住这些"未知的机遇"，就能够为人生目标进行拼搏，赢得人生。

　　机会永远是给有准备的人的，也只有这些人才能在得到机会的时候抓住机会、利用好机会。很多人以为只要得到了机会就意味着成功，其实不然，得到机会只是成功路上的第一步，这只是个开始，更多的考验和困难还在后面等待我们，万里长城我们才刚起步。所以我想对那些经常说"如果"的人说，就算给你一个机会你也成不了什么事，因为使你成功的不是机会，而是你自己。

35岁前，搭建属于自己的舞台：
当你的才华还撑不起你的梦想时该做的事

_____ PART 7

输了起点，你还可以赢在拐点

——换个角度，看到不一样的精彩

不幸者的一大共性：过分执着

偏激和固执像一对孪生兄弟。偏激的人往往固执，固执的人往往偏激。心理学对此有一个专业术语：偏执。

偏执的人总是喜欢以自己的标准来衡量一切，以自己的喜怒哀乐决定一切，缺乏客观的依据。一旦别人提出异议，就立刻转换脸色，对别人正确的意见也听不进去。

偏执的人往往极度敏感，对侮辱和伤害耿耿于怀，心胸狭隘；对别人获得成就或荣誉感到紧张不安，妒火中烧，不是寻衅争吵，就是在背后说风凉话，或公开抱怨和指责别人；自以为是，自命不凡，对自己的能力估计过高，惯于把失败和责任归咎于他人，在工作和学习上往往言过其实；总是过多过高地要求别人，但从来不信任别人的动机和愿望，认为别人存心不良。

喜欢走极端，与其头脑里的非理性观念相关联，是具有偏执心理的一大特色。因此，要改变偏执行为，首先必须分析自己的非理性观念。如：

（1）我不能容忍别人一丝一毫的不忠。

（2）世上没有好人，我只相信自己。

（3）对别人的进攻，我必须立即给以强烈反击，要让他知

道我比他更强。

（4）我不能表现出温柔，这会给人一种不强健的感觉。

现在对这些观念加以改造，以除去其中极端偏激的成分。

（1）我不是说一不二的君王，别人偶尔的不忠应该原谅。

（2）世上好人和坏人都存在，我应该相信那些好人。

（3）对别人的进攻，马上反击未必是上策，我必须首先辨清是否真的受到了攻击。

（4）不敢表示真实的情感，是虚弱的表现。

每当故态复萌时，就应该把改造过的合理化观念默念一遍，用来阻止自己的偏激行为。有时自己不知不觉表现出了偏激行为，事后应重新分析当时的想法，找出当时的非理性观念，然后加以改造，以防下次再犯。

另外，还可以从以下几方面治愈偏执心理：

1.学会虚心求教，不断丰富自己的见识。

常言道："天外有天，人外有人。"别人的长处应该尊重和学习，认识到自己的肤浅。全面客观地看问题，遇到问题不急不躁，冷静分析。

2.多交朋友，学会信任他人。

鼓励有偏执倾向的人积极主动地进行交友活动，在交友中学会信任别人，消除不安感。

交友训练的原则和要领是：

（1）真诚相见，以诚交心。要相信大多数人是友好的，是可以信赖的，不应该对朋友，尤其是知心朋友存在偏见和不信任的态度。必须明确交友的目的在于克服偏执心理，寻求友谊和帮助，交流思想感情，消除心理障碍。

（2）交往中尽量主动给予知心朋友各种帮助。这有助于以心换心，取得对方的信任和巩固友谊。尤其当别人有困难时，更应鼎力相助，患难中知真情，这样才能取得朋友的信赖和增进友谊。

（3）注意交友的"心理兼容原则"。性格、脾气相似和一致，有助于心理相容，搞好朋友关系。另外，性别、年龄、职业、文化修养、经济水平、社会地位和兴趣爱好等亦存在"心理兼容"的问题。但是最基本的心理兼容条件是思想意识和人生观价值观的相似和一致，即所谓的志同道合。这是发展合作、巩固友谊的心理基础。

3. 要在生活中学会忍让和有耐心。

生活中，冲突纠纷和摩擦是难免的，这时必须忍让和克制，不能让敌对的怒火烧得自己晕头转向，肝火旺盛。

4. 养成善于接受新事物的习惯。

偏执常和思维狭隘、不喜欢接受新东西、对未曾经历过的东西感到担心相联系。为此，我们要养成渴求新知识，乐于接触新人新事，学习其新颖和精华之处的习惯。只有这样，我们才能不断地提高自己，减少自己的无知和偏执。

放掉无谓的固执

马祖道一禅师是南岳怀让禅师的弟子。他出家之前曾随父亲学做簸箕，后来父亲觉得这个行当太没出息，于是把儿子送到怀让禅师那里去学习禅道。在般若寺修行期间，马祖整天盘腿静坐，冥思苦想，希望能够有一天修成正果。有一次，怀让禅师路过禅房，看见马祖坐在那里面无表情，神情专注，便上前问道："你在这里做什么？"马祖答道："我在参禅打坐，这样才能修炼成佛。"怀让禅师静静地听着，没说什么走开了。第二天早上，马祖吃完斋饭准备回到禅房继续打坐，忽然看见怀让禅师神情专注地坐在井边的石头上磨些什么，他便走过去问道："禅师，您在做什么呀？"怀让禅师答道："我在磨砖呀。"马祖又问："磨砖做什么？"怀让禅师说："我想把他磨成一面镜子。"马祖一愣，道："这怎么可能呢？砖本身就没有光明，即使你磨得再平，它也不会成为镜子的，你不要在这上面浪费时间了。"怀让禅师说："砖不能磨成镜子，那么静坐又怎么能够成佛呢？"马祖顿时开悟："弟子愚昧，请师父明示。"怀让禅师说："譬如马在拉车，如果车不走了，你使用鞭子打车，还是打马？参禅打坐也一样，天天坐禅，能够坐地成佛吗？"

马祖一心执着于坐禅，所以始终得不到解脱，只有摆脱这种执着，才能有所进步。成佛并非执着索求或者静坐念经就可，必须要身体力行才能有所进步。一开始终日冥思苦想着成佛的马祖，在求佛之时，已经渐渐沦入歧途，偏离了参禅学佛的本意。马祖未能明白成佛的道理，就像他没有明白自己的本心一样，他不了解自己的内心如何与佛同在，所以他犯了"执"的错误。

百丈禅师每次说法的时候，都有一位老人跟随大众听法，众人离开，老人亦离开。老人忽然有一天没有离开，百丈禅师于是问："面前站立的又是什么人？"老人云："我不是人啊。在过去迦叶佛时代，我曾住持此山，因有位云游僧人问：'大修行的人还会落入因果吗？'我回答说：'不落因果。'就因为回答错了，使我被罚变成为狐狸身而轮回五百世。现在请和尚代转一语，为我脱离野狐身。"老人于是问："大修行的人还落因果吗？"百丈禅师答："不昧因果。"老人大悟，作礼说："我已脱离野狐身了，住在山后，请按和尚礼仪葬我。"百丈禅师真的在后山洞穴中，找到一只野狐的尸体，便依礼火葬。

这就是著名的"野狐禅"的故事，那个人为什么被罚变身狐狸并轮回五百世呢？就是因为他执着于因果，所以不得解脱。执着就像一个魔咒，令人心想挂念，不能自拔，最后常令人不得其果，操劳心神，反而迷失了对人生、对自身的真正认识。修佛也好，参禅也好，在认识和理解禅佛之前，修行者必须要先认识自己的本身，然后发乎情地做事，渐渐理解禅佛之意。如果执着于认识禅佛之道，最后连本身都不顾了，这就是本末倒置的做法。就像一个人做事之前，必须要理解自身所长，才能放手施为地去做事。如果只看到事物的好处而忽略了自身能力，又怎么可能将事情做好呢？这便是寻明心、安身心的魅力所在。

换种思路天地宽

有位老婆婆有两个儿子，大儿子卖伞，小儿子卖扇。雨天，她担心小儿子的扇子卖不出去；晴天，她担心大儿子的生意难做，终日愁眉不展。

一天，她向一位路过的僧人说起此事，僧人哈哈一笑："老人家你不如这样想：雨天，大儿子的伞会卖得不错；晴天，小儿子的生意自然很好。"

老婆婆听了，破涕为笑。

悲观与乐观，其实就在一念之间。

世界上什么人最快乐呢？犹太人认为，世界上卖豆子的人应该是最快乐的，因为他们永远也不用担心豆子卖不完。

假如他们的豆子卖不完，可以拿回家去磨成豆浆，再拿出来卖给行人；如果豆浆卖不完，可以制成豆腐，豆腐卖不成，变硬了，就当作豆腐干来卖；而豆腐干卖不出去的话，就把这些豆腐干腌起来，变成腐乳。

还有一种选择是：卖豆人把卖不出去的豆子拿回家，加上水让豆子发芽，几天后就可改卖豆芽；豆芽如果卖不动，就让它长大些，变成豆苗；如果豆苗还是卖不动，再让它长大些，移植到花盆里，当作盆景来卖；如果盆景卖不出去，那么再把它移植到泥土中去，让它生长。几个月后，它结出了许多新豆子。一颗豆子现在变成了上百颗豆子，想想那是多么划算的事！

一颗豆子在遭遇冷落的时候，可以有无数种精彩选择。人更是如此，当你遭受挫折的时候，千万不要丧失信心，稍加变通，再接再厉，就会有美好的前途。

条条大路通罗马，不同的只是沿途的风景，而在每一种风景中，我们都可以发现独一无二的精彩。

有一位失败者非常消沉，他经常唉声叹气，很难调整好自己的心态，因为他始终难以走出自己心灵的阴影。他总是一个人待着，脾气也慢慢变得暴躁起来。他没有跟其他人进行交流，他更没有把过去的失败统统忘掉，而是全部锁在心里。但他并没有尝试着去寻找失败的原因，因此，虽然始终把失败揣在心里，却没有真正吸取失败的教训。

后来，失败者终于打算去咨询一下别人，希望能够帮自己摆脱困境。于是，他决定去拜访一名成功者，从他那里学习一些方法和经验。

他和成功者约好在一座大厦的大厅见面，当他来到那个地方时，眼前是一扇漂亮的旋转门。他轻轻一推，门就旋转起来，慢慢将他送进去。刚站稳脚步，他就看到成功者已经在那里等候自己了。

"见到你很高兴，今天我来这里主要是向你学习成功的经验。你能告诉我成功有什么窍门吗？"失败者虔诚地问。

成功者突然笑了起来，用手指着他身后的门说："也没有什么窍门，其实你可以在这里寻找答案，那就是你身后的这扇门。"

失败者回过头去看，只见刚才带他进来的那扇门正慢慢地旋转着，把外面的人带进来，把里面的人送出去。两边的人都顺着同一个方向进进出出，谁也不影响谁。

"就是这样一扇门，可以把旧的东西放出去，把新的东西迎进来。我相信你也可以做得到，而且你会做得更好！"成功者鼓励他说。

失败者听了他的话，也笑了起来。

失败者与成功者的最大区别是心态的不同。失败者的心态是消极的，结果终日沉湎于失败的往事，被痛苦的阴影笼罩，无法解脱；而成功者的心态是开放的、积极的，能从一扇门领悟到成功的哲理，从而取得更多的成就。

心随境转，必然为境所累；境随心转，红尘闹市中也有安静的书桌。人生像是一张白纸，色彩由每个人自己选择；人生又像是一杯白开水，放入茶叶则苦，放入蜂蜜则甜，一切都在自己的掌握中。

下山的也是英雄

人们习惯于对爬上高山之巅的人顶礼膜拜，把高山之巅的人看作是偶像、英雄，却很少将目光投放在下山的人身上。这是人之常理，但是实际上，能够及时主动地从光环中隐退的下山者也是"英雄"。

有多少人把"隐退"当成"失败"。曾经有过非常多的例子显示，对于那些惯于享受欢呼与掌声的人而言，一旦从高空中掉落下来，就像是艺人失掉了舞台，将军失掉了战场，往往因为一时难以适应，而自陷于绝望的谷底。

心理专家分析，一个人若是能在适当的时间选择做短暂的隐退（不论是自愿还是被迫），都是一个很好的转机，因为它能让你留出时间观察和思考，使你在独处的时候找到自己内在真正的世界。

唯有离开自己当主角的舞台，才能防止自我膨胀。虽然，失去掌声令人惋惜，但换一种思维看问题，心理专家认为，"隐退"就是进行深层学习。一方面挖掘自己的阴影，一方面重新上发条，平衡日后的生活。当你志得意满的时候，是很难想象没有掌声的日子的。但如果你要一辈子获得持久的掌声，就要懂得享受"隐退"。

作家班塞说过一段令人印象深刻的话："在其位的时候，总觉得什么都不能舍，一旦真的舍了之后，又发现好像什么都可以舍。"曾经做过杂志主编，翻译出版过许多知名畅销书的班塞，在他事业巅峰的时候退下来，选择当个自由人，重新思考人生的出路。

40岁那年，欧文从人事经理被提升为总经理。三年后，他自动"开除"自己，舍弃堂堂"总经理"的头衔，改任没有实权的顾问。

正值人生最巅峰的阶段，欧文却奋勇地从急流中跳出，他的说法是："我不是退休，而是转进。"

"总经理"三个字对多数人而言，代表着财富、地位，是事业身份的象征。然而，短短三年的总经理生涯，令欧文感触颇深的，却是诸多的"无可奈何"与"不得而为"。

他全面地打量自己，他的工作确实让他过得很光鲜，然而，除了让他每天疲于奔命，穷于应付之外，他其实活得并不开心。这个想法，促使他决定辞职，"人要回到原点，才能更轻松自在。"他说。

辞职以后，司机、车子一并还给公司，应酬也减到最低。不当总经理的欧文，感觉时间突然多了起来，他把大半的精力拿来写作，抒发自己在广告领域多年的观察与心得。

"我很想试试看，人生是不是还有别的路可走。"他笃定地说。

事实上，欧文在写作上很有天分，而且多年的职场经历给他积累了大量的素材。现在欧文已经是某知名杂志的专栏作家，期间还完成了两本管理学著作，欧文迎来了他的第二个人生辉煌。

事实上，"隐退"很可能只是转移阵地，或者是为了下一场战役储备新的能量。但是，很多人认不清这点，反而一直缅怀着过去的光荣，他们始终难以忘记"我曾经如何如何"，不甘于从此做个默默无闻的小人物。走下山来，你同样可以创造辉煌，同样是个大英雄！

不做无谓的坚持，要学会转弯

生活中很多再平常不过的事情中其实都有禅理，只是疲于奔波的众生早已丧失了于细微处探究竟的兴趣和能力。佛家所言，其实今天的我们已经不再是昨天的我们，为了在今天取得进步、重建自我就必须放下昨天的自己；为了迎接新兴的，就必须放下旧有的。想要喝到芳香醇郁的美酒就得放下手中的咖啡，想要领略大自然的秀美风光就要离开喧嚣热闹的都市，想要获得如阳光般明媚开朗的心情就要驱散昨日烦恼留下的阴霾。

放得下是为了包容与进步，放下对个人意见的执着才能包容，放下今日旧念的执着才会进步。表面看来，放下似乎意味着失去，意味着后退，其实在很多情况下，退步本身就是在前进，是一种低调的积蓄。

一位学僧斋饭之余无事可做，便在禅院里的石桌上作起画来。画中龙争虎斗，好不威风，只见龙在云端盘旋将下，虎踞山头作势欲扑。但学僧描来抹去几番修改，却仍是气势有余而动感不足。正好无德禅师从外面回来，见到学僧执笔前思后想，最后还是举棋不定，几个弟子围在旁边指指点点，于是就走上前去观看。学僧看到无德禅师前来，于是就请禅师点评。无德禅师看后说道："龙和虎外形不错，但其秉性表现不足。要知道，龙在攻击之前，头必向后退缩；虎要上前扑时，头必向下压低。龙头向后曲度愈大，就能冲得越快；虎头离地面越近，就能跳得越高。"学僧听后非常佩服禅师的见解，于是说道："老师真是慧眼独具，我把龙头画得太靠前，虎头也抬得太高，怪不得总觉得动态不足。"无德禅师借机说："为人处世，亦如同参禅的道理。退却一步，才能冲得更远；谦卑反省，才会爬得更高。"另外一位学僧有些不解，问道："老师！退步的人怎么可能向前？谦卑的人怎么可能爬得更高？"无德禅师严肃地对他说："你们且听我的诗偈：'手把青秧插满田，低头便见水中天；身心清净方为道，退步原来是向前。'你们听懂了吗？"学僧们听后，纷纷点头，似有所悟。

无德禅师此刻在弟子们心中插满了青秧，不知弟子们看见了秧田的水中天否？进是前，退亦是前，何处不是前？无德禅师以插秧为喻，向弟子们揭示了进退之间并没有本质的区别。做人应该像水一样，能屈能伸，既能在万丈崖壁上挥毫泼墨，好似银河落九天，又能在幽静山林中蜿蜒流淌，自在清泉石上流。

佛陀在世时，受到世人敬仰与称赞。有一个人对此颇为不服，终日咒骂，有一天，这个人索性跑到了佛陀面前，当着他的面破口大骂。但是，无论他的言语多么不堪入耳，佛陀始终沉默相对，甚至面带微笑。终于，这个人骂累了。他既暴躁又不解，不知道佛陀为何不开口说话。佛陀似乎看到了他心中的困惑，对他说："假如有人想送给你一件礼物，而你不喜欢，也并不想接受，那么这件礼物现在是属于谁的呢？"这个人不明白佛陀的意思，略一思量，回答道："当然还是要送礼物的这个人的了。"佛陀笑着点头，继续问他："刚才你一直在用恶毒的语言咒骂我，假如我不接受你的这些赠言，那么，这些话是属于谁的呢？"他一时语塞，方才醒悟到自己的错误，于是他低下头，诚恳地向佛陀道歉，并为自己的无礼而忏悔。

　　退一步海阔天空并非是一句空话，佛陀并未因为他人对自己的无礼而气愤，反而沉默相对，似乎在步步后退，当这个人心生困惑时甚至耐心地予以开释。他人步步紧逼，而佛陀却始终淡然处之。有退有进，以退为进，绕指柔化百炼钢，也是人生的大境界。

有一种智慧叫"弯曲"

　　人生之旅，坎坷颇多，难免直面矮檐，遭遇逼仄。

　　弯曲，是一种人生智慧。在生命不堪重负之时，适时适度地低一下头，弯一下腰，抖落多余的负担，才能够走出屋檐而步入华堂，避开逼仄而迈向辽阔。

孟买佛学院是印度最著名的佛学院之一，这所佛学院的特点是建院历史悠久，培养出了许多著名的学者。还有一个特点是其他佛学院所没有的，这是一个极其微小的细节。但是，所有进入过这里的学员，当他们再出来的时候，无一例外地承认，正是这个细节使他们顿悟，正是这个细节让他们受益无穷。

这是一个被很多人忽视的细节：孟买佛学院在它正门的一侧，又开了一个小门，这个门非常小，一个成年人要想过去必须弯腰侧身，否则就会碰壁。

其实，这就是孟买佛学院给学生上的第一堂课。所有新来的人，老师都会引导他到这个小门旁，让他进出一次。很显然，所有的人都是弯腰侧身进出的，尽管有失礼仪和风度，却达到了目的。老师说，大门虽然能够让一个人很体面很有风度地出入。但很多时候，人们要出入的地方，并不是都有方便的大门，或者，即使有大门也不是可以随便出入的。这时，只有学会了弯腰和侧身的人，只有暂时放下面子和虚荣的人，才能够出入。否则，你就只能被挡在院墙之外。

孟买佛学院的老师告诉他们的学生，佛家的哲学就在这个小门里。

其实，人生的哲学何尝不在这个小门里。人生之路，尤其是通向成功的路上，几乎是没有宽阔的大门的，所有的门都需要弯腰侧身才可以进去。因此，在必要时，我们要能够学会弯曲，弯下自己的腰，才可得到生活的通行证。

人生之路不可能一帆风顺，难免会有风起浪涌的时候，如果迎面与之搏击，就可能会船毁人亡，此时何不退一步，先给自己一个海阔天空，然后再图伸展。

　　妙善禅师是世人景仰的一位高僧，被称为"金山活佛"。他于1933年在缅甸圆寂，其行迹神异，又慈悲喜舍，所以，直至现在，社会上还流传着他难行能行、难忍能忍的奇事。

　　在妙善禅师的金山寺旁有一条小街，街上住着一个贫穷的老婆婆，与独生子相依为命。偏偏这儿子忤逆凶横，经常喝骂母亲。妙善禅师知道这件事后，常去安慰这老婆婆，和她说些因果轮回的道理，逆子非常讨厌禅师来家里，有一天起了恶念，悄悄拿着粪桶躲在门外，等妙善禅师走出来，便将粪桶向禅师兜头一盖，刹那间腥臭污秽淋满禅师全身，引来了一大群人看热闹。

　　妙善禅师却不气不怒，一直顶着粪桶跑到金山寺前的河边，才缓缓地把粪桶取下来，旁观的人看到他的狼狈相，更加哄然大笑，妙善禅师毫不在意地道："这有什么好笑的？人本来就是众秽所集的大粪桶，大粪桶上面加个小粪桶，有什么值得大惊小怪的呢？"

　　有人问他："禅师，你不觉得难过吗？"

　　妙善禅师道："我一点儿也不会难过，老婆婆的儿子以慈悲待我，给我醍醐灌顶，我正觉得自在哩！"

　　后来，老婆婆的儿子为禅师的宽容感动，改过自新，向禅师忏悔谢罪，禅师高兴地开释他，受了禅师的感化，逆子从此痛改前非，以孝闻名乡里。

妙善禅师将身体看做大的粪桶，加个小的粪桶，也不稀奇。这种认识正是他高尚的人格和道德慈悲的表现，而正是这一刻他弯下了腰，忍住了屈辱，才感化了忤逆的年轻人。

为人处世，参透屈伸之道，自能进退得宜，刚柔并济，无往不利。能屈能伸，屈是能量的积聚，伸是积聚后的释放；屈是伸的准备和积蓄，伸是屈的志向和目的。屈是手段，伸是目的。屈是充实自己，伸是展示自己。屈是柔，伸是刚。屈是一种气度，伸更是一种魄力。伸后能屈，需要大智；屈后能伸，需要大勇。屈有多种，并非都是胯下之辱；伸亦多样，并不一定叱咤风云。屈中有伸，伸时念屈；屈伸有度，刚柔并济。

人生有起有伏，当能屈能伸。起，就起他个直上云霄；伏，就伏他个如龙在渊；屈，就屈他个不露痕迹；伸，就伸他个清澈见底。这是多么奇妙、痛快、潇洒的情境啊！

改变世界，从改变自己开始

在威斯敏斯特教堂地下室里，英国圣公会主教的墓碑上刻着这样的一段话：

当我年轻自由的时候，我的想象力没有任何局限，我梦想改变这个世界。

当我渐渐成熟明智的时候，我发现这个世界是不可能改变的，于是我将眼光放得短浅了一些，那就只改变我的国家吧！

但是我的国家似乎也是我无法改变的。

当我到了迟暮之年，抱着最后一丝努力的希望，我决定只改变我的家庭、我亲近的人——但是，唉！他们根本不接受改变。

现在在我临终之际，我才突然意识到：如果起初我只改变自己，接着我就可以依次改变我的家人。然后，在他们的激发和鼓励下，我也许就能改变我的国家。再接下来，谁又知道呢，也许我连整个世界都可以改变。

这段墓文令人深思。

大文豪托尔斯泰也说过类似的话："全世界的人都想改变别人，就是没人想改变自己。"别说命运对你不公平，其实上帝给每个人都分配了美好的将来，只是看你有没有把握住自己的人生了。有的人用习惯的力量让自己抓住了命运的手。有的人虽然最初与命运擦肩而过，但是他们改变了自己，又让命运转回了微笑的脸。

有些时候，迫切应该改变的或许不是环境，而是我们自己。

也许你不能改变别人，改变世界，但你可以改变自己。幸福、成功的第一步，唯需从改变自己开始。

条条大路通罗马

鲁迅曾说："其实世上本没有路，走的人多了，也便成了路。"从另一方面来说，生活中，只会盲从他人，不懂得另辟蹊径者，将很难赢取属于自己的成功和荣耀。

其实，不一定非要拘泥于有没有人走过。人生的道路本来就有千条万条，条条大路都能通向"罗马"，每条路都是我们的选择之一。所以一旦这条路行不通，不要犹豫，立即换一条路，即使这条道上行人稀少、环境恶劣，但这往往就是通向成功宝殿的大门。行行出状元，在无力接受某一课程时，千万不要强求自己，否则只会越来越糟，耽误时间不说，还误了美好前程。

一位叫王丽的姑娘，长得端庄、秀丽，她表姐是外企职工，收入颇高，工作环境也很好，她对王丽的影响很大。王丽也想走进这个阶层，像表姐一样找到外企的工作，过上优越的生活。无奈她的外语水平太差，单词总是记不住，语法也总是弄不懂。马上要面临高考了，她想报考外语专业，可越着急越学不好。她整天想着白领阶层的生活，不知不觉便沉浸其中。

她将所有时间都押在外语上了，其他科目全部放弃。由于只有一条路，她更担心一旦考不上外语系，那就全完了。整天就想着考上以后的生活，考不上又怎么办，而全无心思专心学习。

人生的很多时候都是这样的，当你专注于一条路，你往往忽略了其他的选择。而如果你选择的那条路不是自己擅长走的，那么心理上的压力会让你变得更加茫然，更加找不到方向，你可能因此而进入了一种选择上的误区。

虽然"白日梦"是青春期常见的心理现象，但整天沉醉于其中的人，往往是那些对现状不满意又无力改变的人。因为"白日梦"可以使人暂时忘记不如意的现实，摆脱某些烦恼，在幻想中满足自己被人尊敬、被人喜爱的需要，在"梦"中，"丑小鸭"变成了"白天鹅"。做美好的梦，对智者来说是一生的动力，他们会由此梦出发，立即行动，全力以赴朝着这个美梦发展，而一步步使梦想成真；但对于弱者来说，"白日梦"不啻一个陷阱，他们在此处滑下深渊，无力自拔。

如何走出深渊呢？首先，要有勇气正视不如意的现实，并学会管理自己。这里教给你一个简单而有效的方法，就是给自己制订时间表。先画一张周计划表，把第一天至少分为上午、下午和晚上三格，然后把你在这一周中需要做的事统统写下来，再按轻重缓急排列一下，把它们填到表格里。每做完一件事情，就把它从表上划掉。到了周末总结一下，看看哪些计划完成了，哪些计划没有完成。这种时间表对整天不知道怎么过的人有独特的作用，因为当你发现有很多事情等着做，而且，当你做完一件事有一种踏实的感觉时，就比较容易把幻想变为行动了。你用做事挤走了幻想，并在做事中重塑了自己，增强了自信。

其实要有敢于放弃的勇气和决心，梦是美好的，但毕竟是梦。

与其在美梦中遐想。不如另辟他途，走出一条适合自己的路，所以该放弃就放弃，千万不要有丝毫的犹豫和留恋，并迅速踏上另一条通向"罗马"的旅途。

换个角度，世界就会不一样

在现实生活中，情绪失控有很多原因，其中最常见的就是认为生活不如意，大事小事都与自己理想中的景象相去甚远。其实这种情况下，你大可不必死钻牛角尖，不妨换个角度来看问题，或许你就会有意料不到的收获，你的生活也就会不断充满希望与喜悦。

有这样一个故事：

在波涛汹涌的大海中，有一艘船在波峰浪谷中颠簸。一位年轻的水手顺着桅杆爬向高处去调整风帆的方向，他向上爬时犯了一个错误——低头向下看了一眼。浪高风急顿时使他恐惧，腿开始发抖，身体失去了平衡。这时，一位老水手在下面喊："向上看，孩子，向上看！"这个年轻的水手按他说的去做，重新获得了平衡，终于将风帆调整好。船驶向了预定的航线，躲过了一场灾难。

换个角度看问题，视野要开阔得多，即使处在同一个位置。我们未尝不可从多个角度去分析事物、看待事物。换个角度，其实也是一种控制情绪的好方法。

如果我们能从另一个角度看人，说不定很多缺点恰恰是优点。

一个固执的人，你可以把他看成是一个"信念坚定的人"；一个吝啬的人，你可以把他看成是一个"节俭的人"；一个城府很深的人，你可以把他看成是一个"能深谋远虑的人"。

我们常常听到有人抱怨自己容貌不是国色天香，抱怨今天天气糟糕透了，抱怨自己总不能事事顺心……刚一听，还真认为上天对他太不公了，但仔细一想，为什么不换个角度看问题呢？容貌天生不能改变，但你为什么不想一想展现笑容，说不定会美丽一点儿；天气不能改变，但你能改变心情；你不能样样顺利，但可以事事尽心，你这样一想是不是心情好很多？

所以，我们不妨学会淡泊一点儿。不要总想着我付出了那么多，我将会得到多少这类问题。一个人身心疲惫，情绪波动，就是因为凡事斤斤计较，总是计算利害得失。如果把握一份平和的心态，换个角度，把人生的是非和荣辱看得淡一些，你就能很好地控制自己的情绪了。

改变思路，突破人生

我们可能无法改变生活中的一些东西，但是我们可以改变自己的思路。有时，只要我们放弃了盲目的执着，选择了理智的改变，就可以化腐朽为神奇。大凡高效能的成功人士，踏上成功之途总是从改变思路开始的。

成功往往就隐藏在别人没有注意到的地方，假如你能发现它、抓住它、利用它，那么，你就有机会获得成功。困境在善于拓展思路的智者眼中往往意味着一个潜在的机遇。

换一个思路处理问题，可能会看到完全不同的景象。也许一个不经意的角度转换，就会让你在不经意间解决了问题。毕加索说："每个孩子都是艺术家，问题在于你长大成人之后是否能够继续保持艺术家的灵性。"

有一个摄影师，每次拍集体照时人们都是有睁眼的，也有闭眼的。闭眼的看见照片，非常生气："我90％以上的时间都睁着眼，你为什么偏让我照一幅没精打采的照片？这不是故意歪曲我的形象吗？"

就拍照而言，形象是头等大事，全靠修版也难，于是摄影师喊："一！二！三！"但坚持了半天以后，有的人恰巧在"三"字上坚持不住了，又作闭目状，真难办。后来，摄影师换了一种思路，从而解决了这一难题。他请所有照相者全闭上眼，听他的口令，同样是喊"一，二，三"，但是在"三"字上一起睁眼。果然，照片冲洗出来一看，一个闭眼的也没有，全都显得神采奕奕，十分精神。众人见了都非常高兴。

当遭遇困境时，一个思路行不通，就要果断地换另一种思路，只有这样，新的创意才会自然而然地产生出来，化解困境的方法也才会随之出炉。

当你遇到挫折的时候，你会常常鼓励自己："坚持到底就是胜利。"有时候，这会陷入一种误区：一意孤行，一头撞南墙。因此，当你的努力迟迟得不到预期的业绩时，就要学会放弃，要学会改变一下思路。其实，细想一下，适时的放弃不也是人生的一种大智慧吗？改变一下方向又有什么难的呢？

改变思路，这是一个智慧的方法。工作有时就像打井，如果在一个地方总打不出水来，你是一味地坚持继续打下去，还是考虑可能是打井的位置不对，从而及时调整方案去寻找一个更容易出水的地方打井？

"横看成岭侧成峰，远近高低各不同。"在浩渺无际的思维空间里，如果能从不同角度，用不同的视角观察和思考问题，就能从"山重水复"的迷境中走出来，欣赏到"柳暗花明"的美景。

俗话说："穷则变，变则通。"没有什么东西是永远静止不前的，世易时移，我们的思路也要跟着改变，才能赶上时代的潮流。当一条路走不通时，不要一味地"坚持"，而要变换思路，改变陈旧的观念，打破世俗的牢笼。只有勇于改变思路，才能创新，才能让成功持久。

适应这个变化的世界

世间万物都在变。没有变化，就会落后，就无法生存。事变我变，人变我变，适者方可生存。成功离不开变通，很多人之所以处处碰壁，最重要的原因就是不能适应这个变化的世界。

下面这个故事中的主人公张娜是一个善于变通，能够解决问题的高手，正是这种遇到困难找方法的精神造就了她事业上的成功。

　　几年前，张娜还是一家建筑材料公司的业务员。当时公司最大的问题是如何讨账。公司产品不错，销路也不错，但产品销出去后，总是无法及时收到款。有一位客户，买了公司 10 万元产品，但总是以各种理由迟迟不肯付款，公司派了三批人去讨账，都没能拿到货款。当时她刚到公司上班不久，就和另外一位姓张的员工一起，被派去讨账。他们软磨硬泡，想尽了办法，最后，客户

　　　　35 岁前，搭建属于自己的舞台：
当你的才华还撑不起你的梦想时该做的事

终于同意给钱，叫他们过两天来拿。

　　两天后他们赶去，对方给了一张 10 万元的现金支票。他们高高兴兴地拿着支票到银行取钱，结果却被告知，账上只有 99000 元，很明显，对方又耍了个花招，他们给的是一张无法兑现的支票。第二天就要放春节假了，如果不及时拿到钱，不知又要拖延多久。

　　遇到这种情况，一般人可能一筹莫展了，但是张娜突然灵机一动，拿出 1000 元，让同去的小张存到客户公司的账户里去。这一来，账户里就有了 10 万元。她立即将支票兑了现。当她带着这 10 万元回到公司时，董事长对她大加赞赏。之后，她在公司不断发展，5 年之后当上了公司的副总经理，后来又当上了总经理。

　　同张娜一样，许多成功者成功的秘诀就在于善于变通。只有适时做出改变，才能克服困难，走向成功。美国名人罗兹说："生活的最大成就是不断地改造自己，以使自己悟出生活之道。"由此可知，变通就是我们遇到困难和变化时所采取的方法和手段。这种方法和手段有这样两大特点：一是根据客观情况的变化而改变自己。二是深刻理解了变化原因之后，努力去引导变化、驾驭变化。

　　一位成功学大师说："历史上的伟人，第一等智慧的领导者，晓得下一步是怎么变，便领导人家跟着变，永远站在变的前头；第二等人是应变，你变我也变，跟着变；第三等人是人家变了以后，他再以比别人变得还快的速度追上去，并超越人家。"

　　想做一名成功者，就必须不停地做着调整，不停地适应社会的变化，这样才能打破常规迈出成功的一步。有许多满怀雄心斗志的人毅力很坚强，但是由于不会积极地适应多变的环境因而无法成功。根据现实的情况为实现目标而改变策略吧！如果你的确感到行不通的话，就请尝试另一种方式。

　　我们改变不了过去，但可以改变现在；我们很难改变环境与问题，但可以改变自己。擦亮发现的眼睛，变换思维的角度，千变万化将由你驾驭。

PART 8

扛得住，世界就是你的

——你要怎样努力，才能让梦想落地

人生总是从寂寞开始

每个想要突破目前困境的人首先都需要耐得住寂寞，只有在寂寞中才能催生一个人的成长。

曾有人在谈及寂寞降临的体验时说："寂寞来的时候，人就仿佛被抛进了一个无底的黑洞，任你怎么挣扎呼号，回答你的，只有狰狞的空间。"的确，在追寻事业成功的路上，寂寞给人的精神煎熬是十分厉害的。想在事业上有所成就，自然不能像看电影、听故事那么轻松，必须得苦修苦练，必须得耐疑难、耐深奥、耐无趣、耐寂寞，而且要抵得住形形色色的诱惑。能耐得住寂寞是基本功，是最起码的心理素质。

耐得住寂寞，才能不赶时髦，不受诱惑，才不会浅尝辄止，才能集中精力潜心于所从事的工作。耐得住寂寞的人，等到事业有成时，大家自然会投来钦佩的目光，这时就不寂寞了。而有着远大志向却耐不住寂寞，成天追求热闹，终日浸泡在欢乐场中，一混到老，最后什么成绩也没有的人，那就将真正寂寞了。

其实，寂寞不是一片阴霾，寂寞也可以变成一缕阳光。只要你勇敢地接受寂寞，拥抱寂寞，以平和的爱心关爱寂寞，你会发现：寂寞并不可怕，可怕的是你对寂寞的惧怕；寂寞也不烦闷，烦闷的是你自己内心的空虚。

寂寞的人，往往是感情最为丰富、细腻的人，他们能够体验人所不能体验的生活，感悟人所不能感悟的道理，发现人所不能发现的思想，获取人所不能获取的能量，最后成就人所不能成就的事业。

唯一获得奥斯卡最佳导演奖的华人导演李安，他的经历常常被我想起，并拿出来鼓励自己。

李安去美国念电影学院时已经 26 岁，遭到父亲的强烈反对。父亲告诉他：纽约百老汇每年有几万人去争几个角色，电影这条路走不通的。李安毕业后，七年，整整七年，他都没有工作，在家做饭带小孩。

有一段时间，他的岳父岳母看他整天无所事事，就委婉地告诉女儿，也就是李安的妻子，准备资助李安一笔钱，让他开了餐馆。

李安自知不能再这样拖下去，但也不愿拿丈母娘家的资助，就决定去社区大学上计算机课，从头学起，争取可以找到一份安稳的工作。李安背着老婆硬着头皮去社区大学报名，一天下午，他的太太发现了他的计算机课程表。他的太太顺手就把这个课程表撕掉了，并跟他说："安，你一定要坚持理想。"

因为这一句话、这样一位明理智慧的老婆，李安最后没有去学计算机，如果当时他去了，多年后就不会有一个华人站在奥斯卡的舞台上领那个很有分量的奖。

李安的故事告诉我们，人生应该做自己最喜欢最爱的事，而且要坚持到底，把自己喜欢的事发挥得淋漓尽致，必将走向成功。

如果你真正的最爱是文学，那就不要为了父母、朋友的谆谆教诲而去经商，如果你真正的最爱是旅行，那就不要为了稳定选择一个一天到晚坐在电脑前的工作。

你的生命是有限的，但你的人生却是无限精彩的。也许你会成为下一个李安。

但你需要耐得住寂寞，七年你等得了吗？很有可能会更久，你等得到那天的到来吗？别人都离开了，你还会在原地继续等待吗？

一个人想成功，一定要经过一段艰苦的过程。任何想在春花秋月中轻松获得成功的人都是惘然。这寂寞的过程正是你积蓄力量，开花前奋力地汲取营养的过程。如果你耐不住寂寞，成功永远不会降临于你。

不懈追求才能羽化成蝶

成功贵在坚持，要取得成功就要坚持不懈地努力，很多人的成功，也是饱尝了许多次的失败之后得到的，我们经常说什么"失败乃成功之母"，成功诚然是对失败的奖赏，但却也是对坚持者的奖赏。

古往今来，那些成功者们不都是依靠坚持而取得成就的吗？

被鲁迅誉为"史家之绝唱，无韵之离骚"的《史记》，其作者司马迁，是享誉千古的文学大师，可是他取得这么大的成就是在什么情况下呢？

汉武帝为了一时的不快阉割了堂堂的大丈夫，那是多么大的耻辱啊，而且这给司马迁带来的身心伤害是多么的巨大！从此，他只能在四处不通风的炎热潮湿的小屋里生活，不能见风，不能再无畏地欣赏太阳、花草，换一个人，简直就活不下去了。

司马迁也曾想过死，对于当时的他来说，死是最容易的解脱方法了。可是他心中始终有一个梦想，他的梦想就是写一部历史的典籍，把过去的事记下来，传诸后世，为了这个梦，他坚持了下来，坚持着忍受了身体的痛苦，坚持着忍受了别人歧视的目光，坚持着在严酷的政治迫害下活着，以继续撰写《史记》，并且终于完成了这部光辉著作。

他靠的是什么？只有两个字：坚持。如果他在遭受了腐刑以后，丧失一切斗志，那么我们现在就再也看不到这本巨著，吸收不了他的思想精华。所以他的成功，他的胜利，最主要的还是靠坚持。如果真的可以有对比，他的著作所带给我们的震撼倒是其次了，他的坚持的精神所激励鼓舞我们的更多。

外国名作家杰克·伦敦的成功也是建立在坚持之上的。就像他笔下的人物"马丁·伊登"一样，坚持坚持再坚持，他抓住自己的一切时间，坚持把好的字句抄在纸片上，有的插在镜子缝里，有的别在晒衣绳上，有的放在衣袋里，以便随时记诵。所以他成功了，他的作品被翻译成多国文字，我们的书店中他的作品被放在显眼的位置，赫然在目。当然，他所付出的代价也比其他人多好几倍，甚至几十倍。成功是他坚持的结果。

功到自然成。成功之前难免有失败，然而只要能克服困难，坚持不懈地努力，那么，成功就在眼前。

石头是很硬的，水是很柔软的，然而柔软的水却穿透了坚硬的石头，这其中的原因无他，唯坚持而已。我们在黑暗中摸索，有时需要很长时间才能找寻到通往光明的道路。以勇敢者的气魄，坚定而自信地对自己说，我们不能放弃，一定要坚持。也只有坚持，才能让我们冲破禁锢的蚕茧，最终化成美丽的蝴蝶。

坚守寂寞，坚持梦想

当你面对人类的一切伟大成就的时候，你是否想到过，曾经为了创造这一切而经历过无数寂寞的日夜，他们不得不选择与寂寞结伴而行，有了此时的寂寞，才能获得自己苦苦追求的似锦前程。

很多时候成功不是一蹴而就的，要经过很多磨难，每个人无论如何都不能丢弃自己的梦想。要执著于自己的目标和理想，把自己开拓的事业做下去。

肯德基创办人桑德斯先生在山区的矿工家庭中长大，家里很穷，他也没受什么教育。他在换了很多工作之后，自己开始经营一个小餐馆。不幸的是，由于公路改道，他的餐馆必须关门，关

很多时候成功不是一蹴而就的，要经过很多磨难，每个人无论如何都不能丢弃自己的梦想。要执著于自己的目标和理想，把自己开拓的事业做下去。

门则意味着他将失业，而此时他已经 65 岁了。

也许他只能在痛苦和悲伤中度过余年了，可是他拒绝接受这种命运。他要为自己的生命负责，相信自己仍能有所成就。可是他是个一无所有、只能靠政府救济的老人，他没有学历和文凭，没有资金，没有什么朋友可以帮他，他应该怎么做呢？他想起了小时候母亲炸鸡的特别方法，他觉得这种方法一定可以推广。

经过不断尝试和改进之后，他开始四处推销这种炸鸡的经销权。在遭到无数次拒绝之后，他终于在盐湖城卖出了第一个经销权，结果立刻大受欢迎，他成功了。

65 岁时还遭受失败而破产，不得不靠救济金生活，在 80 岁时却成为世界闻名的杰出人物。桑德斯没有因为年龄太大而放弃自己的成功梦想，经过数年拼搏，终于获得了巨大的成功。如今，肯德基的快餐店在世界各地都是一道风景。

很多时候，在日常生活、工作中我们必须在寂寞中度过，没有任何选择。这就是现实，有嘈杂就有安静，有欢声笑语，就有寂静悄然。

既然如此，你逃脱不掉寂寞的影子，驱赶不走寂寞的阴魂，为什么非要与寂寞抗争？寂寞有什么不好，寂寞让你有时间梳理躁动的心情，寂寞让你有机会审视所作所为，寂寞让你站在情感的外圈探究感情世界的课题，寂寞让你向成功的彼岸挪动脚步，所以，寂寞不光是可怕的孤独。

寂寞是一种力量，而且无比强大。事业成就者的秘密有许多，生活悠闲者的诀窍也有许多。但是，他们有一个共同的特点，那就是耐得住寂寞。谁耐得住寂寞，谁就有宁静的心情，谁有宁静的心情，谁就水到渠成，谁水到渠成谁就会有收获。山川草木无不含情，沧海桑田无不蕴理，天地万物无不藏美，那是它们在寂寞之后带给人们的享受。所以，耐住寂寞之士，何愁做不成想做的事情。有许多人过高地估计自己的毅力，其实他们没有跟寂寞认真地较量过。

我们常说，做什么事情都需要坚持，只要奋力坚持下来，就会成功。这里的坚持是什么？就是寂寞。每天循规蹈矩地做一件事情，心便生厌，这也是耐不住寂寞的一种表现。

如果有一天，当寂寞紧紧地拴住你，哪怕一年半载，为了自己的追求不得不与寂寞搭肩并进的时候，心中没有那份失落，没有那份孤寂，没有那份被抛弃的感觉，才能证明你的毅力顽强。

人生不可能总是前呼后拥，人生在世难免要面对寂寞。寂寞是一条波澜不惊的小溪，它甚至掀不起一个浪花，然而它却孕育着可能成为飞瀑的希望，渗透着奔向大海的理想。坚守寂寞，坚持梦想，那朵盛开的花朵就是你盼望已久的成功。

一生只能认真做好一件事

生活里，总是存在着这样那样的诱惑，这些诱惑扰乱着我们的思维，影响着我们的判断力。所以，如果我们要想做好一件事情，持之以恒，拒绝其他因素的诱惑、干扰，是至关重要的。

古希腊著名演说家戴摩西尼年轻时为了提高自己的演说能力，躲在一个地下室练习口才。由于耐不住寂寞，他时不时就想出去溜达溜达，心总也静不下来，练习的效果很差。无奈之下，他横下心，挥动剪刀把自己的头发剪去一半，变成了一个怪模怪样的"阴阳头"。如此一来，因为头发羞于见人，他只得彻底打消了出去玩的念头，一心一意地练口才，演讲水平突飞猛进。正是凭着这种专心执著的精神，戴摩西尼最终成为世界闻名的大演说家。

1830年，法国作家雨果同出版商签订合约，半年内交出一部作品，为了确保能把全部精力放在写作上，雨果把除了身上所穿毛衣以外的其他衣物全部锁在柜子里，把钥匙丢进了小湖。就这样，由于根本拿不到外出要穿的衣服，他彻底断了外出会友和游玩的念头，一头钻进小说里，除了吃饭与睡觉，从不离开书桌，结果作品提前两周脱稿。而这部仅用五个月时间就完成的作品，就是后来闻名于世的文学巨著《巴黎圣母院》。

许多人才华横溢，却往往因为抵抗不住外界的诱惑与干扰而与成功失之交臂。面对外界的干扰，你的抗御力决定了你成功的几率，抗御力越强，你成功的几率就越大。

鲁迅说过："如果一个人，能用十年的时间，专注于一件事，那么他一定能够成为这方面的专家。"成就大事的人都不会把精力同时集中在几件事情上，而只是关注其中之一。手里做着一件事，心里又想着另一件事，这只能让每件事情都做不好。黑格尔说：

"那些什么事情都想做的人，其实什么也不能做。一个人在特定的环境内，如果欲有所成，必须专注于一件事，而不分散他的精力在多方面。"是啊，人的精力是有限的，要取得事半功倍的成就，必须集中精力，一次只做一件事。

"一次只做一件事"，可以使我们静下神来，心无旁骛，一心一意地把那件事做完做好。倘若我们见异思迁，心浮气躁，什么都想抓，最终猴子掰玉米，掰一个，丢一个，到头来两手空空，一无所获。

坚忍的乌龟快过睡觉的兔子

"登泰山而小天下"，这是成功者的境界，如果达不到这个高度，就不会有这个视野。但是，若想到达这种境界亦非易事，人们从岱庙前起步上山，进中天门，入南天门，上十八盘，登玉皇顶，这一步步拾级而上，起初倒觉轻松，但愈到上面便愈感艰难。十八盘的陡峭与险峻曾使无数登山客望而却步。游人只有努力向前，才能登上泰山山顶，体验杜甫当年"一览众山小"的酣畅意境。

许多人盼望长命百岁，却不理解生命的意义；许多人渴求事业成功，却不愿持之以恒地努力。其实，人的生命是由许许多多的"现在"累积而成的，人只有珍惜"现在"，不懈奋斗，才能使生命焕发光彩，事业获得成功。

要成功，最忌"一日曝之，十日寒之"，"三天打鱼，两天晒网"。数学家陈景润为了求证哥德巴赫猜想，用过的稿纸几乎可以装满一个小房间；作家姚雪垠为了写成长篇历史小说《李自成》，竟耗费了40年的心血，大量的事实告诉我们：无论你多么聪明，成功都是在踏实中，一步一步、一年一年积累起来的。

莎士比亚说："斧头虽小，但多次砍劈，终能将一棵挺拔的大树砍倒。"

现在有一种流行病，就是浮躁。许多人总想"一夜成名""一夜暴富"。他们不扎扎实实地长期努力，而是想靠侥幸一举成功。比如投资赚钱，不是先从小生意做起，慢慢积累资金和经验，再把生意做大，而是如赌徒一般，借钱做大投资、大生意，结果往往惨败。网络经济一度充满了泡沫。有的人并没有认真研究市场，也没有认真考虑它的巨大风险，只觉得这是一个发财成名的"大馅饼"，一口吞下去，最后没撑多久，草草倒闭，白白"烧"掉了许多钞票。

俗话说："滚石不生苔"，"坚持不懈的乌龟能快过灵巧敏捷的野兔。"如果能每天学习一小时，并坚持12年，所学到的东西，一定远比坐在学校里混日子的人所学到的多。

人类迄今为止，还不曾有一项重大的成就不是凭借坚持不懈的精神而实现的。

大发明家爱迪生也如是说："我从来不做投机取巧的事情。我的发明除了照相术，也没有一项是由于幸运之神的光顾。一旦我下定决心，知道我应该往哪个方向努力，我就会勇往直前，一遍一遍地试验，直到产生最终的结果。"

要成功，就要强迫自己一件一件地去做，并从最困难的事做起。有一个美国作家在编辑《西方名作》一书时，应约撰写102篇文章。这项工作花了他两年半的时间。加上其他一些工作，他每周都要干整整七天。他没有从最容易阐述的文章入手，而是给自己定下一个规矩：严格地按照字母顺序进行，绝不允许跳过任何一个自感费解的观点。另外，他始终坚持每天都首先完成困难较大的工作，再干其他的事。事实证明，这样做是行之有效的。

一个人如果要成功，就应该学习这些名人的经验，从小事入手，坚持下去，总有一天你会看到成功的阳光。

用坚忍创造闪光的快乐

人生最大的自由，莫过于选择成败，成功者寥若晨星，更少有人青史留名，而失败者比比皆是。据有关学者研究证明：48%的人经历一次失败，就一蹶不振了；25%的人经历两次失败就泄气了；15%的人经历三次失败也放弃了；只有12%的人经历无数次的失败后，仍不气馁，始终朝着一个方向冲刺。他们坚信，只要方向不错，方法得当，坚持不懈、锲而不舍，成功只是时间问题。人生最大的敌人是自己，战胜自己是成功者的必经之路。

李健最早涉足茶叶经营是在2001年。在这之前他经营着一家超市，由于拆迁，他只好改行和一个福建籍朋友做起了茶叶生意。那时，茶艺还处于萌芽状态，是一个新兴产业，利润空间和发展空间都比较大。

然而，李健对茶艺、茶文化一窍不通，门市开业后，面对顾客提出的有关茶的问题，他常常脸涨得通红，说不出话来，之后只得向朋友求救。看着朋友和顾客大谈茶文化，李健第一次认识到茶居然有着这样深的内涵，他喜欢上了这一行。

后来，李健和朋友的经营理念发生了分歧，生意也开始变得清淡。李健回忆，在一段时间里，他们不断地往里垫钱，根本没有回款。坚持了三个月后，李健与朋友在经营思路上的分歧越来越大，最后只好分道扬镳。于是，李健开始独自创业。

经过市场调查，他把茶叶门市地址选在了北京茶叶一条街——马连道。也许是初生牛犊不怕虎，李健当初只是想扎堆的生意好做，并没在意这一条街上对手们的来历。后来他才发现这里的人个个都是高手，不论是茶道还是销售，而且他们都来自茶叶生产厂家，对茶有着深刻的理解，唯独他是个门外汉。

李健选定地址后看中了一间60平方米的门市，年租金4万元。他交了租金请来装修工装修门市，自己则赶往茶叶生产地采购茶叶。这是他第一次采购茶叶，由于没有经验，又缺乏茶叶知识，他采购的茶叶无论在色泽上还是质量上都给日后的批发和销售带来了困难。为了不再犯同样的错误，他买来大量有关茶叶的书，仔细研读，凡是上门的客户也都提供最优惠的价格，以便发展市场。即使这样，他的门市仍是门庭冷落。

　　李健开始托朋友介绍茶叶销售渠道，稍有空闲就亲自背着茶叶样品去零售店推销，有时他请人给他看门市，自己背个大袋子到偏远区县去找销售点。而很多时候，他都吃了闭门羹，偶尔听到"我们有供货方，以后考虑吧"，他都激动半天。"那时我一心想着尽快发展客户，有时一天只能吃一顿饭，一个月下来整个人都快虚脱了。"

　　在两个月里，他跑遍了6个城市的茶叶零售店，但是没有得到任何回报。

　　李健的茶叶门市经历了整整14个月的萧条后才开始复苏。在这期间，他不断听到类似他这种门外汉茶业门市倒闭的消息，他的朋友也劝他收手。李健经过激烈的思想斗争后，咬着牙告诉朋友："我已经喜欢上了这个行业，每个行业起步都会有艰难和困苦，更何况我还没有认输。"

随着对茶经的深入了解和对市场的辛勤开拓，李健的门市第13个月开始有了一点利润，就在2003年春节前的一个月，他的门市赚回了之前的所有投资，还略有盈余。2004年，李健的茶叶门市纯利润达20多万元。

事实证明：只要有恒心，铁棒也能磨成针。看一个人，不必看他辉煌耀眼、春风得意之时，而应看他身处逆境时是怎样艰难跋涉的。执著是人类的一种美德，任何天赋、才华、强势都不能代替。不积跬步，无以至千里；不积细流，无以成江河。千里之行始于足下，做任何事情都必须有恒心。

不怕失败才会成功

在这个世界上，每一个人都经历过无数次的失败。当然，也包括富人在内，他们的成功也并非是一帆风顺的。

没有人不想成为富人，也没有人不想拥有财富，但很多人在追求财富的过程中要么被困难打败，要么对挫折望而却步、半途而废。如果我们换个角度来看问题就不一样了：世界上根本就没有所谓的失败，只有暂时的不成功。这也正是富人们的信条，正是因为在他们的字典里没有"失败"，他们才不会放弃，才会继续努力，他们知道不成功只是暂时的，总有一天他们会成功！

金融家韦特斯真正开始自己的事业是在 17 岁的时候，他赚了第一笔大钱，也是第一次得到教训。那时候，他的全部家当只有 255 块钱。他在股票的场外市场做掮客，在不到一年的时间里，他发了大财，一共赚了 168000 元。拿着这些钱，他给自己买了第一套好衣服，在长岛给母亲买了一幢房子。但是这个时候，第一次世界大战结束了，韦特斯以为和平已经到来，就拿出了自己的全部积蓄，以较低的价格买下了雷卡瓦那钢铁公司。"他们把我剥光了，只留下 4000 元给我。"韦特斯最喜欢说这种话，"我犯了很多错，一个人如果说他从未犯过错，那他就是在说谎。但是，我如果不犯错，也就没有办法学乖。"这一次，他学到了教训。"除非你了解内情，否则，绝对不要买大减价的东西。"

他没有因为一时的挫折而放弃，相反，他总结了相关的经验，并相信他自己一定会成功。后来，他开始涉足股市，在经历了股市的成败得失后，他已赚了一大笔。

1936 年是韦特斯最冒险的一年，也是最赚钱的一年。一家叫普莱史顿的金矿开采公司在一场大火中覆灭了。它的全部设备被焚毁，资金严重短缺，股票也跌到了 3 分钱。有一位名叫陶格拉斯·雷德的地质学家知道韦特斯是个精明人，就游说他把这个极具潜力的公司买下来，继续开采金矿。韦特斯听了以后，拿出 35000 元支持开采。不到几个月，黄金挖到了，离原来的矿坑只有 213 英尺。

这时，普莱史顿的股票开始往上飞涨，不过不知内情的海湾街上的大户还是认为这种股票不过是昙花一现，早晚会跌下来，所以他们纷纷抛出原来的股票。韦特斯抓住了这个机会，他不断地买进、买进，等到他买进了普莱史顿的大部分股票时，这种股票的价格已上涨了许多。

这座金矿，每年毛利达 250 万元。韦特斯在他的股票继续上升的时候把普莱史顿的股票大量卖出，自己留了 50 万股，这 50 万股等于他一分钱都没有花。

韦特斯的成功告诉我们，不要害怕失败，财富的获得总是在失败中一点点积累的，很少有一夜暴富，而且一夜暴富的财富也总是不长久的。这便是富人们不怕失败的原因，失败也是一种财富。

放低姿态，像南瓜一样默默成长

《伊索寓言》中有这样一个故事：

有一只狐狸喜欢自夸自大，它以为森林中自己最大。

傍晚，它单独出去散步，走路的时候看见一个映在地上的巨大影子，觉得很奇怪，因为它从来没有见过那么大的影子。后来，它知道是它自己的影子，就非常高兴。它平常就以为自己伟大、有优越感，只是一直找不到证据可以证明。

为了证实那影子确实是自己的，它就摇摇头，那个影子的头部也跟着摇动，这证明影子是自己的。它就很高兴地跳舞，那影子也跟着它舞动。它继续跳，正得意忘形时，来了一只老虎。狐狸看到老虎也不怕，就拿自己的影子与老虎比较，结果发现自己的影子比老虎大，就不理它，继续跳舞。老虎趁着狐狸跳得得意忘形的时候扑了过去，把它咬死了。

一个人若种植信心，他会收获品德。一个人若种下骄傲的种子，他必收获众叛亲离的果子，甚至带来不可预知的危险，就像那只自夸自大、自我膨胀的狐狸一样。

但高傲的姿态，却是一些人的通病。大家都想吸引别人的目光，殊不知这目光可能投来善意，也可能投来恶意。越是高调的人，越容易成为众矢之的。老子在《道德经》中说："生而不有，为而不恃，功成而不居。"又说："功成名遂，身退，天之道。"如果成功之后，只知自我陶醉，迷失于成果之中停滞不前，那就是为自己的成就画了句号。

成功常在辛苦日，败事多因得意时。切记：不要老想着出风头。一个人的成绩都是在他谦虚好学、伏下身子踏实肯干的时候取得的，一旦骄气上升、自满自足，必然会停止前进的脚步。

有人会说，大凡骄傲者都有点本事、有点资本。你看，《三国演义》中"失荆州"的关羽和"失街亭"的马谡不是都熟读兵书、立过大功吗？这种说法其实是只看到了事情的表面，而没看到事情的本质。关羽之所以"大意失荆州"，马谡之所以"失街亭"，不正是因为他们自以为"有资本"而铸成的大错吗？

一个人有一点能力，取得一些成绩和进步，产生一种满意和喜悦感，这是无可厚非的。但如果这种"满意"发展为"满足"，"喜悦"变为"狂妄"，那就成问题了。这样，已经取得的成绩和进步，将不再是通向新胜利的阶梯和起点，而成为继续前进的包袱和绊脚石，那就会酿成悲剧。

在这个世界上，谁都在为自己的成功拼搏，都想站在成功的巅峰上风光一下。但是成功的路只有一条，那就是放低姿态，不断学习。在通往成功的路上，人们都行色匆匆，有许多人就是在稍一回首、品味成就的时候被别人超越了。因此，有位成功人士的话很值得我们借鉴："成功的路上没有止境，但永远存在险境；没有满足，却永远存在不足；在成功路上立足的最基本的要点就是学习，学习，再学习。"

坚忍的骆驼在沙漠中行走自如

生活不总是公平的，就像大自然中，鸟吃虫子，对虫子来说是不公平的一样，生活中总会有些力量是阻力，不断地打击和折磨我们。

但我们承认生活是不平等的这一客观事实，并不意味着消极处世，正因为我们接受了这个事实，我们才能放平心态，找到属于自己的人生定位。命运中总是充满了不可捉摸的变数，如果它给我们带来了快乐，当然是很好的，我们也很容易接受，但事情往往并非如此。有时它带给我们的会是可怕的灾难，这时如果我们不能学会接受它，反而让灾难主宰了我们的心灵，生活就会永远地失去阳光。

　　威廉·詹姆士曾说："心甘情愿地接受吧！接受事实是克服任何不幸的第一步。"

　　我们应该能接受不可避免的事实。即使我们不接受命运的安排，也不能改变事实分毫，我们唯一能改变的，只有自己。成功学大师卡耐基也说："有一次我拒不接受我遇到的一种不可改变的情况。我像个蠢蛋，不断作无谓的反抗，结果带来无眠的夜晚，我把自己整得很惨。后来，经过一年的自我折磨，我不得不接受我无法改变的事实。"面对不可避免的事实，我们就应该学着做到诗人惠特曼所说的那样："让我们学着像树木一样顺其自然，面对黑夜、风暴、饥饿、意外等挫折。"

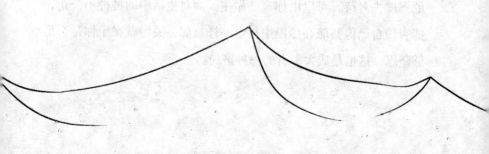

但是，面对现实，并不等于束手接受所有的不幸。只要有任何可以挽救的机会，我们就应该奋斗。而当我们发现情势已不能挽回时，最好就不要再思前想后、拒绝面对，要坦然地接受不可避免的事实，唯有如此，才能在人生的道路上掌握好平衡。

明白了这些，你就会善于利用不公正来培养你的耐心、希望和勇气。比如在缺少时间的时候，可以利用这个机会学习怎样安排一点一滴珍贵的时间，培养自己行动迅速、思维灵敏的能力。就像野草丛生的地上能长出美丽的花朵，在满是不幸的土地上，也能绽开美丽的人性之花。

生活的不公正能培养美好的品德，我们应该做的就是让自己的美德在不利的环境中放射出奇异的光彩。

你也许正为一个专横的老板服务，并因此觉得很不公平，那么不妨把这看做是对自己的磨炼吧，用亲切和宽容的态度来回应老板的无情。借着这样的机会磨炼自己的耐心和自制力，转化不利的因素，利用这样的时机增强精神的力量。你自己也将提升到更高的精神境界，一旦条件成熟，你就能进入崭新的、更友善的环境中。

外界的事物什么样，这由不得你去选择和控制，但用什么样的态度去对待，可以由你自己做主。面对生活中的种种不公正，能否使自己像骆驼在沙漠中行走一样自如，关键就在于你是否足够坚忍，这也是成大事者的一种格局。

不抱怨的人才能在寂寞中爆发

人生路上，当遇到逆境的时候，我们往往会听到很多抱怨的声音：我的出身不好、我家里没有钱、我上学的学校不好、我的工作条件不好、工资少、没有一个能赏识我的老板……总觉得自己的生活不如意，天天抱怨。而我们也常常会发现，那些抱怨的人生活似乎一直都不怎么好，有时候抱怨会产生连锁反应，越抱怨，倒霉的事情越是接二连三。所以，我们千万不要陷入自己设置的"抱怨门"。

有这样一个故事：

孔雀向王后朱诺抱怨。她说："王后陛下，我不是无理取闹来诉说，您赐给我的歌喉，没有任何人喜欢听。可您看那黄莺小精灵，唱出的歌声婉转，它独占春光，风头出尽。"

朱诺听到如此言语，严厉地批评道："你赶紧住嘴，嫉妒的鸟儿，你看你脖子四周，如一条七彩丝带。当你行走时，舒展开华丽羽毛，出现在人们面前，就好像色彩斑斓的珠宝。你是如此美丽，你难道好意思去嫉妒黄莺的歌声吗？和你相比，这世界上没有任何一种鸟能像你这样受到别人的喜爱。一种动物不可能具备世界上所有动物的优点。我赐给大家不同的天赋，大家彼此相融，各司其职。所以我奉劝你不要抱怨，不然的话，作为惩罚，你将失去你美丽的羽毛。"

孔雀羡慕黄莺清脆的嗓子，所以抱怨自己为什么没有拥有和黄莺一样婉转、美妙的歌喉，却不知道自己的美本来就让其他动物羡慕。由此看来，实际上抱怨不是本身拥有的条件不够好，而是自己不知足。很多时候当你不断地抱怨自己拥有的条件和资源少不能取得成功的时候，后来的不成功就会排着长队等着你，接连不断地到来。

当你把大量的精力都用在了抱怨别人或者上天的不公的时候，用于努力改变局面的时间就少了，大量的抱怨会让你在自己的抱怨声中不断地肯定自己的不幸，在无形之中会在大脑里形成自己成功的道路为什么这样艰难的想法，以及上天对自己不公的想法，所以在下一次困难来临时，又开始抱怨，而如何去战胜困难，如何能够摆脱这种局面的方法早已经被自己抛之脑后。所以爱抱怨的人更容易失败，而且失败是一个接着一个。

喜欢抱怨的人向别人不断抱怨着自己的不幸，起初可能还会有人同情，但是久而久之抱怨的人会让别人生厌。人们喜欢和那些整天乐观的人在一起，而不是和整天发牢骚的人在一起，因为你的牢骚会直接影响别人的心情。这样，喜欢抱怨的人不仅自己在事业上不断落后，在人际关系上也会越来越糟，会导致你更加沮丧，会觉得上天真的对你太不公了，了解你的人为什么这么少呢？实际上这一切都是你无形中造成的。

生活中，当我们个人或者企业遇到困难的时候，首先不要怨天尤人，而是努力寻找突破困难的方法。寻求解决的办法，才能让企业走出困境，让每一个人走出困难的沼泽，向成功迈进。

耐得住寂寞，苦尽甘来

2007 年，火暴各大电视银屏的电视剧《士兵突击》有下面几个关于主角许三多的情节：

结束了新兵连的训练，许三多被分到了红三连五班看守驻训场，指导员对他说"这是一个光荣而艰巨的任务"，而李梦说"光荣在于平淡，艰巨在于漫长"。许三多并不明白李梦话中的含义，但是他做到了。

在三连五班，在一千二百多华里的大草原上，在你干什么都没人知道的那些时间和那个地点，他修了一条路，一条能使直升机在上空盘旋的路。

钢七连改编后，只剩下许三多独自看守营房，一个人面对着空荡荡的大楼。但他一如既往地跑步出操，一丝不苟地打扫卫生，一样嘹亮地唱着餐前一支歌，那样的半年，让所有人为之侧目。

袁朗的再次出现无疑是许三多人生中的又一个重要转折。对曾经活捉过自己的许三多，袁朗有着自己的见解："不好不坏、不高不低的一个兵，一个安分的兵，不太焦虑、耐得住寂寞的兵！有很多人天天都在焦虑，怕没得到，怕寂寞！我喜欢不焦虑的人！"于是许三多在袁朗的亲自游说下参加了老 A 的选拔赛，并最终成为老 A 的一员。

当他离开七〇二团时，团长把自己亲手制作的步战车模型送给许三多，并且说："你成了我最尊敬的那种兵，这样一个兵的价值甚至超过一个连长。"

许三多耐受寂寞的能力是他跨越各种障碍和逆境的性格优势，由此我们可以看出：成功需要耐得住寂寞！成功者付出了多少，别人是想象不到的。

每个人一生中的际遇都不相同，只要你耐得住寂寞，不断充实、完善自己，当际遇向你招手时，你就能很好地把握，获得成功。有"马班邮路上的忠诚信使"称号的王顺友就是这样一个甘于寂寞、耐得住寂寞的人。

王顺友，四川省凉山彝族自治州木里藏族自治县邮政局投递员，全国劳模，2007 年"全国道德模范"的获得者。他一直从事着一个人、一匹马、一条路的艰苦而平凡的乡邮工作。邮路往返里程 360 公里，月投递两班，一个班期为 14 天。22 年来，他送邮行程达 26 万多公里，相当于走了 21 个二万五千里长征，相当于围绕地球转了 6 圈！

王顺友担负的马班邮路，山高路险，气候恶劣，一天要经过几个气候带。他经常露宿荒山岩洞、乱石丛林，经历了被野兽袭击、意外受伤等艰难困苦。他常年奔波在漫漫邮路上，一年中有 330 天左右的时间在大山中度过，无法照顾多病的妻子和年幼的儿女，却没有向组织提出过任何要求。

为了排遣邮路上的寂寞和孤独，娱乐身心，他自编自唱山歌，其间不乏精品，像"为人民服务不算苦，再苦再累都幸福"，等

232

35 岁前，搭建属于自己的舞台：
当你的才华还撑不起你的梦想时该做的事

等。为了能把信件及时送到群众手中，他宁愿在风雨中多走山路，改道绕行以方便沿途群众。他还热心为农民群众传递科技信息、致富信息，助他们购买优良种子。为了给群众捎去生产生活用品，王顺友甘愿绕路、贴钱、吃苦，受到群众的交口称赞。

20余年来，王顺友没有延误过一个班期，没有丢失过一个邮件，没有丢失过一份报刊，投递准确率达到100%。王顺友是成功的，因为他耐住了寂寞，战胜了自己。耐得住寂寞，是所有成就事业者共同遵循的一个原则。它以踏实、厚重、沉思的姿态作为特征，以一种严谨、严肃、严峻的态度，追求着人生的目标。当这种目标价值得以实现时，他仍不喜形于色，而是以更踏实的人生态度去探求实现另一奋斗目标的途径。而浮躁的人生是与之相悖的，它以历来不甘寂寞和一味追赶时髦为特征，受到强烈的功利主义驱使。浮躁地向往，浮躁地追逐，只能产出浮躁的果实。这果实的表面或许是绚丽多彩的，但不具有实用价值和交换价值。

享受寂寞才能强大

西方有位哲人在总结自己一生时说过这样的话："在我整整75年的生命中，我没有过过四个星期真正的安宁。这一生只是一块必须时常推上去又不断滚下来的崖石。"所以，追求宁静，或者是追求寂寞对许多人来说成了一个梦想。由此看来，寂寞并不是每个人都能享受的。

现实生活中，许多人害怕寂寞，时时借热闹来躲避寂寞，麻痹自己。滚滚红尘中，已经很少有人能够固守一方清静，独享一份寂寞了，更多的人脚步匆匆，奔向人声鼎沸的地方。殊不知，热闹之后的寂寞更加寂寞。我辈如能在热闹中独饮那杯寂寞的清茶，也不失为人生的另类选择与生存。但是，寂寞并不是每个人都会享受的！

对未来进行抗争的人，才有面对寂寞的勇气；在昔日拥有辉煌的人，才有不甘寂寞的感受。

为了收获而不惜辛勤耕耘、流血流汗的人，才有资格和能力享受寂寞。

寂寞是一种难得的感觉，只有在拥有寂寞时，你才能静下心来悉心梳理自己烦乱的思绪，只有在拥有寂寞时，你才能让自己成熟。不在寂寞中升华，就在寂寞中死去。

许多人把失意、伤感、无为、消极等与寂寞联系在一起，认为将自己封闭起来就是寂寞，其实，这是一种误解。倘使这样去超越生活，不仅限制生命的成长，还会与现实产生隔阂，这样的人只是逃避生活。

寂寞是一种感受，是一种难得的感觉，是心灵的避难所，会给你足够的时间去舔拭伤口，从而重新以明朗的笑容直面人生。

懂得了寂寞，便能从容地面对阳光，将自己化作一杯清茗，在轻啜深酌中渐渐明白，不是所有的生长都能成熟，不是所有的欢歌都是幸福，不是所有的故事都会真实，有时，平淡是穿越灿烂而抵达美丽的一种高度，一种境界。

当寂寞来临时，轻轻合上门窗，隔去外面喧嚣的世界，默默独坐在灯下，平静地等待身体与心灵的一致，让自己在悲欢交集中净化思想。这样，被一度驱远的宁静会重新回归。你静静地用自己的理解去解读人世间风起云涌的内容，思考人生历程中的痛苦和欢悦。你不再出入上流社会，也就不再对那些达官显贵们摧眉折腰；人们不再追逐你，不再关注你，你也因此而少了流言的中伤。当你真实品读了人生的丰富与美好，生命的宏伟和阔大，让身心平直地立在生活的急流中，不因贪图而倾斜，不因喜乐而忘形，不因危难而逃避，你就读懂了寂寞，理解了寂寞。于是，寂寞不再是寂寞，寂寞成了一首诗，成了一道风景，成了一曲美妙的音乐。于是，寂寞成了享受，使我们终于获得了人生的宁静。

寂寞来时，轻轻闭上双眼，去聆听远方的鸟鸣，去感受灵魂深处的快乐。

耐得住寂寞是成功的前提

这是一个在中国地图上找不到的小岛，但历史上西方列强曾七次从这一海域入侵京津。在这个小岛上驻守着济空雷达某旅九站官兵。这个雷达站新一代海岛雷达兵在艰苦寂寞、气候恶劣的自然环境中，用青春和汗水铸起了一道天网。

近年来，连队雷达情报优质率始终保持 100%，先后 20 多次圆满完成中俄联合军事演习等重大任务，被誉为京津门户上空永不沉睡的"忠诚哨兵"。

这个雷达站 80% 的官兵是"80 后"人，70% 的官兵来自城镇、经济发达地区和农村富裕家庭，50% 的官兵拥有大中专以上学历。尽管如此，这些新一代军人仍然能够像当年的"老海岛"一样，吃大苦、作奉献、打硬仗。

风平浪静时，小岛十分美丽，初进海岛的官兵都会感到心清气爽。可不出一个星期，无法言喻的孤独和寂寞就会悄然爬上心头。白天兵看兵，晚上听海风。值班时，盯着枯燥的雷达屏幕看天外目标；休息时，围着电视机看外面的世界。除了连队的文体活动场所外，小岛上没有任何可供官兵休闲娱乐的去处。每当有客船来岛，听到进港的汽笛声，没有值班任务的官兵，就会欢呼雀跃地拉起平板车跑向码头，去接捎给连队的货物，顺便看上一眼岛外来人的陌生面孔，呼吸几口船舱带来的岛外空气。孤岛上的寂寞，连祖祖辈辈生活在这里的渔民都发出这样的感慨："初

来小海岛，心境比天高；常住小海岛，不如死了好。"

多年来，60多名战士从当兵到复员没有出过岛，守住了孤独，守住了寂寞。目前，九站已连续12年保持先进，年年被评为军事训练一级单位，先后两次被军区空军评为基层建设标兵连队，荣立集体二等功、三等功各一次。

"论至德者不和于俗，成大功者不谋于众"，从侧面阐明的正是这个意思：至高无上之道德者，是不与世俗争辩的。这话乍听起来似乎有悖于历史唯物主义，但细细想来，也不无道理。"头悬梁锥刺骨"也好，"孟母三迁""凿壁偷光"也好，大都说的是，成就大业者在其创业初期，都是能耐得住寂寞的，古今中外，概莫能外。门捷列夫的化学周期表的诞生，居里夫人镭元素的发现，陈景润在哥德巴赫猜想中摘取的桂冠等，都是在寂寞中扎扎实实做学问，在反反复复的冷静思索和数次实践后才得以成功的。

耐得住寂寞是一个人的品质，不是与生俱来，也不是一成不变的，它需要长期的艰苦磨炼和凝重的自我修养、完善。耐得住寂寞是一种有价值、有意义的积累，而耐不住寂寞往往是对宝贵

人生的挥霍。

一个人的生活中有可能会有这样那样的挫折和机遇，但只要你有一颗耐得住寂寞的心，用心去对看待与守望，成功一定会属于你。

目标专一，方成大器

天台智者大师说：一切诸佛土，实皆平等。但众生根钝，浊乱者多，若不专系一心一境，三昧难成。

每个人的出生背景不同，天赋条件各有差异，但机会均等，人人都有成大器的可能。打个比方，家庭富裕的人，创业比较容易，但太容易到手的成功，对人缺乏吸引力，难免影响创业激情；出身贫寒的人，举步维艰，但是，穷则思变，过多的生活磨难能让人对成功充满渴望，激发斗志。所以，对创业来说，无论贫者富者，都是一利一弊，如能因利除弊，都可能大获成功。天资聪颖的人，学知识比较快捷，却可能对知识的理解流于肤浅；头脑愚钝的人，学知识比较困难，却可能因穷心钻研而理解透彻。所以，两者在成为智者的条件上几乎是一样的。

虽然每个人都有成大器的可能，也有成大器的意愿，但最终心想事成者却只是少数人。这是为什么？因为多数人不能执定目标、持之以恒。在这个世界上，值得追求的东西很多，如果什么都想要，就什么也得不到。只能选定一个目标，盯紧它，全力追赶它，不受其他目标的诱惑，才可能达成心愿。

这个道理，好比狮子追赶猎物。狮子会盯紧前面的目标穷追不舍，即使身边出现其他猎物，距离前面的猎物更近，它也不会改换目标。这是为什么呢？狮子追赶猎物，不仅是速度的较量，也是体能的较量。只要盯紧前面的目标，当猎物跑累了，十有八九会成为狮子的美餐。如果狮子改换目标，新猎物体能充沛，跑得会更快、更持久，捕捉到的可能性更小。如果狮子不断更换目标，累死了也不会有收获。

干事业也是如此，人的精力有限，能办成的事毕竟很少。如果精力分散，到头来只会两手空空。必须对一个目标穷追不舍，才可望有所收获。

禅宗慧远大师悟道，就是一个目标专一的例子。慧远年轻时喜欢四处云游。有一次，他遇到一位嗜烟的行人，两人结伴走了很长一段山路后，坐在河边休息。那位行人给慧远敬烟，慧远高兴地接受了。由于谈得投机，那人又送给他一根烟管和一些烟草。

两人分手后，慧远心想：这个东西实在令人舒畅，肯定会打扰我禅修，时间长了一定恶习难改，还是趁早戒掉吧！于是，他把烟管和烟草都扔掉了。

过了几年，慧远迷上了《易经》，每日钻研，乐此不疲。冬日的一天，慧远写信给自己的老师索要寒衣。没想到，信寄出去很长时间，老师还没有寄衣服来。慧远用《易经》所教的方法卜了一卦，算出那封信没有寄到。他想："《易经》固然奇妙，如果我沉迷此道，怎么能全心全意参禅呢？"从此，他再也不学《易经》了。

再后来，慧远又迷上了书法，进步甚快，受到行家好评。慧远又想："我的目标不是成为书法家，何必潜心于书法？"自此，他又放弃了书法。

最后，慧远摆脱了一切爱好的诱惑，一心参悟，终成一代大师。

图书在版编目（CIP）数据

35 岁前，搭建属于自己的舞台：当你的才华还撑不起你的梦想时该做的事 / 文德编著 . —— 北京：中国华侨出版社，2017.12（2019.1 重印）

ISBN 978-7-5113-7115-7

Ⅰ . ① 3… Ⅱ . ①文… Ⅲ . ①成功心理—青年读物 Ⅳ . ① B848.4-49

中国版本图书馆 CIP 数据核字（2017）第 264280 号

35 岁前，搭建属于自己的舞台：
当你的才华还撑不起你的梦想时该做的事

编　　著：文　德
出 版 人：刘凤珍
责任编辑：待　宵
封面设计：施凌云
文字编辑：胡宝林
美术编辑：刘欣梅
插图绘制：林玉峰
经　　销：新华书店
开　　本：880mm×1230mm　1/32　印张：8　字数：200 千字
印　　刷：三河市骏杰印刷有限公司
版　　次：2018 年 1 月第 1 版　　2021 年 3 月第 3 次印刷
书　　号：ISBN 978-7-5113-7115-7
定　　价：36.00 元

中国华侨出版社　北京市朝阳区西坝河东里 77 号楼底商 5 号
邮编：100028
法律顾问：陈鹰律师事务所
发 行 部：（010）58815874　　传　　真：（010）58815857
网　　址：www.oveaschin.com　　E-mail：oveaschin@sina.com

如果发现印装质量问题，影响阅读，请与印刷厂联系调换。